In de straten van Opuwo

Eerder verschenen over Namibië

Overstekende Olifanten
Olifanten in de nacht
Tussen Himba, Zemba en Herero
In Namibië
De olifanten van Botswana
De zebra's van Namibië

Ada Rosman-Kleinjan

In de straten van Opuwo

op reis door Namibië

Inhoud

Wees niet zo ongerust over de hobbels in de weg, maar vier de reis - Fitzhugh Mullan

Angola
Zambia
Epupa
Ruancana
Opuwo
Etosha
Namibië
Waterberg
Omoruru
Botswana
Windhoek
Swakopmund
Solitaire
Zuid
Atlantische
Oceaan
Zuid-Afrika

Die reën is klaar

1, 2, 3, 4, 5 en dat is 6. In gedachten tel ik de stappen die ik nodig heb om van de indrukwekkende voorkant van de Toyota Hilux, waar een minstens zo'n indrukwekkende *bull bar* op zit, naar de achterkant van de auto te lopen. De auto is groot, erg groot. De sympathieke medewerker van het Asco-verhuurbedrijf legt alle ins en outs van dit wonder op vier wielen aan Jan uit. Ik sta er wat verloren naar te kijken. Daktent met een stevig laddertje om naar boven te klimmen om naar bed te gaan. Twee kussens en twee dekbedden met fris ruikende lakens, potten, pannen, twee stoelen, een tafel, twee branders; zelfs een schaar en een aardappelschiller ontbreken niet. Een stoffer en blik om alles weer schoon te maken. Twee reservewielen, een bijl en een schop zijn stevig aan de buitenkant bevestigd. De motorkap gaat open, er wordt onder de wagen gekeken en van alles uitgelegd. De mannen praten een taal waar ik niks van begrijp. Alles en meer dan we denken nodig te hebben voor onze kampeerrondreis door Namibië hangt, zit of staat ergens in deze wagen. Voertuig is volgens mij een beter woord.

Het is een komen en gaan van vertrekkende en aankomende reizigers. Alle mannen die hier een auto komen ophalen staan met gretige ogen te kijken, hebben de oren gespitst en staan te trappelen van ongeduld. Ze lijken allemaal een paar centimeter te groeien. De vrouwen kijken ernaar en denken volgens mij allemaal hetzelfde: ik hoop dat we zonder brokken te maken veilig het linksrijdende verkeer van Windhoek uitkomen. Het voelt vertrouwd en oh zo fijn om hier weer te zijn. Een prachtig bedrijf met vriendelijk en geduldig personeel. Alle auto's zijn tiptop in orde en er is een uitstekende service voor pech onderweg.

'Weet je een belwinkel waar we een simkaart voor onze telefoons kunnen kopen?' vraag ik aan de behulpzame man.
'Dat kan ook hier. We verkopen simkaarten en beltegoed. Loop maar even mee.'
In een mum van tijd zijn we online. Wifi zweeft bijna overal. Gezien de grootte en leegte van dit land vind ik dat een hele prestatie. Gingen we tijdens onze eerste reis in dit land om de vier á vijf dagen op zoek naar een internetcafé, nu zijn we gewoon 24 uur per dag bereikbaar.

Een medewerker van Explore Namibië - het bureau waar we alles hebben geboekt - komt de reispapieren en nog wat laatste spullen brengen. Explore heeft haar kantoor in hetzelfde gebouw als Asco en deze twee bedrijven werken veel samen. Een boekje met veel nuttige informatie zoals belangrijke telefoonnummers, tips voor leuke campings en bezienswaardigheden, extra informatie voor het rijden met een vierwielaangedreven auto en uitleg over de autoverzekering. Een landkaart van Namibië en een mooie brochure van het Etosha National Park maken alle papieren compleet. Alles handig in een mapje. Het leukste vind ik de lamp - die op zonneenergie werkt - die ze me geeft. Gewoon overdag op het dashboard in de zon laten staan en dan heb je in de avond een lamp die voor licht zorgt. Een dagje geen zon? Geen probleem, er kunnen ook batterijen in en hij is zelfs op te laden via de radio in de auto. Lachend nemen we nog een plastic zakje in ontvangst, waar een vaatdoekje, een theedoek en een schuursponsje in zitten. Laat een vaatwasser nu net het enige zijn dat dit wonder op wielen niet heeft. Tot slot geeft ze Jan een EHBO-tasje en een *keycord* voor de sleutel en wenst ze ons een goede reis.
Jan rijdt relaxed de auto de garage uit. Windhoek is voor ons bekend terrein en met Jan zijn richtingsgevoel komen we overal. Er is voor ons een kamer gereserveerd in het Capbon Guesthouse in de wijk Eros. Een prettige start van de reis.

Het guesthouse is snel gevonden en heeft plaats voor al die grote auto's op een goed afgesloten terrein waar alle kamers als een motel op uitkomen.

We rijden naar de grote Shoprite-supermarkt waarvan we weten dat het aanbod zeer divers is. De auto heeft een koelkast, dus naast de standaardboodschappen - veel blikjes, pasta en potjes - kopen we ook yoghurt, fris, fruit en een paar blikjes bier voor Jan. In een krat met deksel kunnen alle boodschappen veilig staan. Er is volop ruimte om alles goed op te bergen. Ook zorgen we ervoor dat er niks open en bloot in de wagen ligt. Namibië is een veilig land maar de gelegenheid maakt soms de dief. Wat niet te zien is, wordt niet gestolen, is mijn gedachte. Omdat de cabine afgesloten is van de wagen hoor je geen gerammel wanneer je over de *dirtraods* rijdt. Door ervaring weten we precies wat handig is.

'*Die reën is klaar*,' aldus de chauffeur die ons vanmorgen ophaalde.

Zijn woorden schieten me ineens weer te binnen als ik de laatste spullen in de auto leg. Als de regens klaar zijn, zijn wij er ook helemaal klaar voor om veilig op *die pad te gaan*.

We gaan zeer voldaan voor onze kamer zitten en kijken met gepaste trots naar de auto die ons overal gaat brengen.

Katutura

We zijn nu voor de negende keer in dit Afrikaanse land. Natuurlijk hebben we veel gezien - maar nog meer niet - in dit land dat zo groot is als Frankrijk en Duitsland samen, terwijl er amper tweeëneenhalf miljoen mensen wonen. Sommige landen kruipen onder je huid. Namibië heeft zich genesteld in ons lijf en onze geest. Toen we in 1999 voor het eerst naar Namibië gingen vroeg Jan zich af of het land wel een bestemming voor ons zou zijn. Daar plaag ik hem nog wel eens mee wanneer hij voorstelt om weer naar Namibië te gaan.

Jan heeft de kaart bestudeerd en draait de auto richting Katutura, de wijk in Windhoek waar veel zwarte mensen wonen, waar veel armoede is en niet iedereen de kansen krijgt die wij zo vaak als vanzelfsprekend beschouwen.
Katutura dat zoveel betekent als 'hier willen we niet wonen'. Daar denken de Hollandse Lisanne en haar man, samen met hun twee dochters, echter heel anders over. Ze werken al een paar jaar samen met de mensen die hier wonen om het leven op veel fronten beter te maken. Zo is er is een kippenproject en geeft Lisanne voorlichting aan zwangere vrouwen. Het dekenproject heeft al meer dan duizend mensen blij gemaakt en er is veel aandacht voor onderwijs aan kinderen. Een nichtje van ons is een goede vriendin van Lisanne en natuurlijk willen we graag een paar cadeautjes afgeven. We hebben een adres, we vinden zelfs de juiste straat, alleen ontbreekt elke logica in de volgorde van de huisnummers. Nummer 88 volgt op 1500 om dan verder te gaan naar 1383. Mocht er al een logica in zitten dan kunnen wij die met geen mogelijkheid ontdekken. De mensen zijn behulpzaam maar desalniettemin draaien we rondjes.

'Zullen we een taxi nemen? Dan geven we de man het adres en rijden we erachteraan,' stel ik voor.

'Ik probeer het nog één keer,' antwoordt Jan, die achter een taxi aan rijden echt als een allerlaatste redmiddel beschouwt. Ineens stopt er een auto naast de onze waar een lachende Lisanne achter het stuur zit en ons stralend aankijkt.

'Ik wist door de foto's op Instagram welke auto jullie hadden en aangezien er maar één auto met een daktent door deze wijk rijdt, was het niet zo moeilijk om jullie te vinden,' lacht ze breeduit als ze onze stomverbaasde gezichten ziet.

Jammer genoeg is er nu geen tijd om rondgeleid te worden. Lisanne heeft een officiële bijeenkomst van studenten die succesvol hun opleiding hebben afgerond. Wij willen ook graag verder, geven de cadeautjes af en wie weet lukt het om aan het eind van onze reis nog contact met elkaar te hebben.

Eenzaam Solitaire

'Als we nu eens via de Spreetshoogtepas naar Solitaire gaan?' stelt Jan voor wanneer we Katutura uitrijden.
Jan is van de routes, ik van de mooie woorden en namen. De naam van deze pas is al voldoende om 'm te rijden. De auto zit fantastisch; doordat je vrij hoog zit krijg je als vanzelf een weids en groots uitzicht over de hele omgeving. Jan rijdt graag en ik zit er graag naast. De eerlijkheid gebiedt me om te zeggen dat het van mijn kant ook gemakzucht is. Ik nestel me behaaglijk op mijn stoel aan de linkerkant - het is altijd even wennen om aan de 'verkeerde kant' in te stappen - en ben helemaal klaar voor een lekkere lange rijdag. De koelkast snort, alle bagage ligt uit het zicht en ik plant mijn voeten op het dashboard. De zon schijnt, het asfalt is plat, de motor zoemt van tevredenheid en het genieten begint direct zodra Jan wegrijdt.
De tachtig kilometer naar Rehoboth zijn al snel overbrugd en Jan draait de wagen rechtsaf, richting Solitaire, een plek waar de meeste Nederlanders graag naartoe gaan en waar alle reizigers graag komen voor het meest smakelijke appelgebak van dit land en hoogstwaarschijnlijk van heel Afrika. Na Rehoboth maakt het asfalt plaats voor dirtroad, waar deze auto niet warmer of kouder van wordt.
'Kijk daar eens, bavianen,' wijst Jan en leunt voorover om het nog wat beter te kunnen zien.
Een hele troep van jong tot oud, springt de weg over, Als ik mijn hoofd naar links draai zie ik er nog meer. Niet mijn meest favoriete dieren. Ze zijn vaak agressief met venijnige ogen die alles lijken te zien. De apen rennen er snel vandoor als ze ons dichterbij horen komen. Altijd goed wanneer dieren een gezonde angst voor de mens hebben.

'Zullen we daar naartoe gaan?' vraagt Jan zich hardop af en wijst naar het bordje van Alberta Padstal aan de rechterkant van de weg.

We zijn nog ongeveer zestig kilometer van Solitaire verwijderd, we hebben tijd genoeg en laten ons graag verrassen. Het bordje dat naast veel souvenirs ook vers gezette koffie belooft, geeft voor Jan de doorslag, hij draait de weg af en niet veel later worden we vriendelijk welkom geheten door de eigenaresse, een vrouw die ongetwijfeld Alberta heet.

Op een houten bord bij de ingang staat *Koop of Loop*. Wij willen wat kopen en lopen naar binnen. *Soms laat die lewe mens 'n wilde perd opsaal* staat er op een ander bord geschreven. Wat bedoelen ze daar toch mee? Wil men een paard met een leeuw opzadelen? Dan schiet ik in de lach. Dit is Afrikaans. Het leven kan rake klappen uitdelen, dat betekent het. Ik lach om mijn eigen vergissing en ben blij dat niemand mijn gedachten kan lezen.

'Alles wat je hier ziet is zelfgemaakt,' lacht de vrouw.

Haar stem klinkt trots. Op de meeste boerderijen zoals deze wordt alles zelf gemaakt. Veel huisvlijt en veel ingemaakte producten zoals jams en confituren; ik koop een pot tomatenjam. Volgens Alberta een prima keuze. Geen idee, ik koop het omdat ik nog nooit tomatenjam heb gehad en loop weer naar buiten. Een dienstmeisje komt de koffie brengen waar op elk kopje een papieren filter staat met de koffie er al in.

'Door er heet water op te gieten is elk kopje vers gezet,' legt de vrouw uit, schenkt zelf het hete water op en kijkt tevreden naar onze verbaasde gezichten.

Ze knikt en laat ons vervolgens alleen zodat we van de versgezette koffie kunnen genieten. Het voordeel van lekker op eigen houtje reizen is toch wel dat we kunnen gaan, staan, stoppen, plannen kunnen veranderen en koffie kunnen drinken waar en wanneer we dat maar willen. Perfect voor ons.

'Je moet even naar het toilet gaan en je telefoon meenemen. Kun je foto's maken,' lacht Jan wanneer hij terugkomt van het toilet.
Ik loop over het kiezelpad naar het halfronde gebouwtje, dat als een doormidden gezaagd blikje wat verderop in het landschap staat en zo vanaf een afstand in niks lijkt op een toilet. Een bijzonder, wit gebouwtje met een toilet, een wastafel, een spiegel, en dat allemaal in een halfrond blikje. Geweldig!

'Is dat een koedoe?' vraag ik en wijs naar links.
Niet dat het een wedstrijd is, maar reizen met een man die letterlijk en figuurlijk elk vogeltje ziet vliegen is het egostrelend om als eerste het eerste wild te spotten. Persoonlijk vind ik dat bavianen niet meetellen omdat ik dat foeilelijke beesten vind. Dat is het leuke van je eigen spelregels bepalen. Het beest voelt waarschijnlijk aan dat we hem graag willen bewonderen. Hij blijft even doodstil staan voordat hij de weg oversteekt waar zijn familie op hem wacht. De hele familie - als was het afgesproken - verdwijnt tegelijk in de bossen en de struiken. De elegante koedoe met hoorns die op reuzenschroevendraaiers lijken, behoort tot een van de grootste antilope-soorten op aarde. Van zijn hoef tot aan zijn schouder kan de koedoe ruim anderhalve meter hoog worden en dan komen daar die hoorns nog bij. Hoorns die wel een lengte van 1,70 meter kunnen bereiken. Al met al een even schitterend als indrukwekkend dier.
Helemaal tevreden rijden we niet veel later het overbekende en vertrouwd aanvoelende Solitaire binnen waar we zelf een plek kunnen uitzoeken op de grote camping. Er staan mooie, rietgedekte parasols die de plekken markeren waarvan we nummer negen de allerleukste vinden. We klappen alles uit, Jan richt de tent in, ik zet wat spullen op tafel en maken zo aan anderen duidelijk 'deze plek is bezet'.

Toen de Nederlandse filmmaker Ton van der Lee jaren geleden zonder benzine strandde in Solitaire, een minuscuul stipje op de kaart van Namibië, had hij geen idee dat hij er lange tijd zou wonen en werken. Er was een bezinepomp die meestal wel benzine had, maar soms niet. Van der Lee moest wachten, werd verliefd op deze plek en woonde er jaren. Het boek dat hij over deze tijd heeft geschreven, *Solitaire*, is een must voor elke Namibië-liefhebber.
In 1999 reden we er achteloos aan voorbij en nu is het voor ons een bestemming op zich geworden. Er is een camping, er zijn kamers, een restaurant, maar bovenal een bakkerij waar de lekkerste appeltaart wordt gebakken. Moose, de hoofdpersoon in het boek van Van der Lee, bakte vroeger af en toe een appeltaart waar de toevallige passant van smulde. Jaren geleden strandden we met autopech op deze plek. Soms bestaat toeval niet en gebeuren de dingen nu eenmaal omdat dat zo moet. We bleven hier twee dagen, wachtten op een nieuwe auto die helemaal vanuit Windhoek gebracht moest worden, praatten uren met Moose, aten te veel appelgebak en genoten van de komende en vertrekkende bezoeker. Een paar weken na thuiskomst kreeg ik een mailtje van de toenmalige beheerder dat Moose was overleden en werden deze paar dagen nog bijzonderder. Solitaire zal altijd op ons lijstje staan als we naar Namibië gaan.

We lopen naar het restaurant waar we beiden een groot stuk appeltaart bestellen. Ik neem een cappuccino en Jan heeft een pilsje dik verdiend.
'Hoeveel taarten bakken jullie hier nu elke dag?' vraag ik nieuwsgierig.
'Tijdens de covid-periode bakten we er maar drie tot vijf per dag. Nu zitten we weer op minimaal achttien tot twintig taarten per dag. Op topdagen, voor de covid, bakten we wel vijftig taarten op een dag,' antwoordt de vrouw.

Als we alles opgegeten hebben kan het avondeten in de koelkast blijven. Het was een complete maaltijd. Wat is het hier toch een heerlijke plek! Geroezemoes van andere kampeerders, af en toe het geluid van een voorbijrijdende auto en dan hoor ik een motorrijder aankomen. Een hele prestatie om hier op twee wielen te rijden.

De zon gaat in betoverende kleuren onder, neemt de warmte mee en geeft ons er flonkerende sterren voor terug. Melkwegen trekken strepen door de donkere nacht, de dierenwereld gaat slapen. De vogels houden hun snavels, krekels stoppen met krekelen en wij klimmen ons laddertje op. Gelukkig zijn we thuis ook een smal bed gewend. Ach, liefde maakt een smal bed breed heb ik jaren geleden eens ergens gelezen: ons bed is breed genoeg.

Ontmoetingen

'Ik woon en werk in Windhoek. Ik heb daar een bedrijf en ook heb ik een paar zaken in Kaapstad. Nu rijd ik op de motor naar Zuid-Afrika. Daar ruil ik mijn motor om voor mijn auto om weer terug te rijden naar Windhoek,' vertelt de man die vannacht in zijn slaapzak, naast zijn motor in het zand heeft geslapen.

De motorrijder wil wel praten en ik wil wel luisteren. Ik ben altijd gefascineerd door andere reizigers. Wat willen ze, wat beweegt ze, waarom doen ze wat ze doen? Het levert steevast mooie verhalen op.

De boterhammen met tomatenjam smaken heerlijk, de cappuccino in café Van der Lee is perfect en we nemen met enige weemoed afscheid van deze plek. De opkomende zon slooft zich uit en geeft zo mens en dier de kans om wakker worden. We lopen een rondje langs alle afgedankte en door de zon en zand gestraalde auto- en motorwrakken en oude borden die het hele terrein opluisteren. Er staat een hippe foodtruck op het terrein. Solitaire Padkos Stalletjie belooft naast pizza en ijs ook verschillende dranken. De luiken zijn gesloten.

We wandelen naar de vliegstrip die er verlaten bijligt. Wanneer een mens de kans krijgt om over een landings- en startbaan van een vliegveld te lopen dan doe je dat gewoon en dan dringt de vraag zich op: waarom vind ik dit nu zo'n mooie plek? Daar kan ik lang over nadenken. Tja, waarom word je verliefd op die ene leuke man en doen al die andere leuke mannen je helemaal niks?

Er staat ook een bescheiden kerkje op dit terrein en ik loop ernaartoe. De twee deuren zijn gesloten 'Solitaire Immánuel Church est. 1951' staat er onder het kruis. Er schijnt af en toe een dominee te komen die dan een kerkdienst verzorgt.

Op een plaquette in de muur staat ,, *IMMĀNUEL*'' *gelê tot eer van God op 17 maart 1951 deur Ds. H.R. Cilliers geskenk deur mnr. en mev. F.E. Le Roux.*

Zoals het café Van der Lee een eerbetoon is aan de Hollandse schrijver, zo is de naam van de bakkerij een eerbetoon aan Moose. Voor de ingang staat een verroeste auto, zonder koplampen maar wel met een voorruit waar geen barstje inzit. Boomstammen, keien en cactussen beschermen de laatste rustplaats van de auto. We lopen McGregor's Bakery binnen waar mensen alweer druk aan het werk zijn en ik koop een paar koeken voor onderweg. De Sondab General Dealer is een grote naam voor het winkeltje naast de bakkerij waar naast ijs, souvenirs, koude drankjes en beltegoed ook de Engelse vertaling van het boek *Solitaire* op de toonbank ligt. De winkel roept allerlei herinneringen op en ziet er onveranderd uit. Altijd leuk, dat naast alle vernieuwingen ook dingen precies zo zijn als ik ze me herinner.
Door inzet van verschillende mensen is het gelukt om Moose te begraven op een mooie plek in zijn geliefde Solitaire. We lopen naar de laatste rustplaats van deze man. Een steen met een foto van de markante Namibiër Percival George Crosse (Moose McGregor) markeert het graf. Nú kunnen we weer verder reizen.

Na alles tegen elkaar afgewogen te hebben, besluiten we om niet door te rijden naar de rode duinen van de Sossusvlei. De mensen hebben een lang, vrij weekeinde en dat betekent veel bezoekers. Zondag valt dit jaar op 1 mei - dag van de arbeid - en dat houdt in dat men nu ook de maandag vrij heeft, horen we. Gezien de populariteit van dit park gaan we ervan uit dat er dan extra veel bezoekers zullen komen. Bescheiden, rode duinen verraden dat de Sossusvlei dichtbij is. Nu heeft dichtbij in dit land een andere betekenis dan in een land als Nederland.

Waar de zon ongehinderd zijn stralen kan laten schijnen is het zand bijna zandbakkenzandgelig. De oranjerood gekleurde duinen liggen in de schaduw. Het zand en de steentjes knarsen onder de wielen van de auto. De wegen worden goed onderhouden. Een bord waarschuwt ons voor de zandschuiver. Waar in Nederland de schuiver voor de sneeuw wordt gebruikt heeft de machine hier de functie van een zand- en stenenbezem. De toegestane maximum-snelheid op dit soort wegen is meestal tachtig kilometer wat wij vaak toch nog te snel vinden. Tegenliggers kondigen door middel van grote stofwolken hun komst ruim van tevoren aan. En toch, hoewel we constant naar buiten kijken, weet een auto ons nog af en toe te verrassen. Altijd opletten, altijd kijken, altijd alert blijven. Dat het soms gruwelijk mis kan gaan zien we even later. Een auto ligt totaal in de prak, op zijn kop. Mensen zijn uit het wrak gehaald en liggen languit op de zandweg. Gelukkig is er genoeg hulp aanwezig, niemand beduidt ons om te stoppen en op pottenkijkers zit niemand te wachten. Jan rijdt er heel rustig met een wijde boog omheen. Het doet ons nogmaals beseffen hoe snel het fout kan gaan. We hopen dat het letsel mee zal vallen.

De rode duinen maken plaats voor rotsen en tafelbergen. Daar kan ik me over blijven verbazen. Ik kijk constant naar buiten, en hoppa, ineens ziet de wereld er anders uit. Net alsof iemand het decor heeft verwisseld. Het verkeer is spaarzaam en het wild laat zich al helemaal niet zien. Jaren geleden waren we hier ook en wemelde het, tot frustratie van de boeren, van de zebra's. Vandaag is er geen streepje aan de horizon te zien. We rijden de C14, de Kuiseb-pas af, door de droge rivierbedding van de Gaub-rivier, en daar zien we dan de picknicktafel links in een nis in de rotsen staan waar we vier jaar geleden de Nederlandse Hylke en Linda ontmoet hebben. We hadden net alles uitgestald toen er een andere auto stopte waar twee Nederlanders uitstapten.

Vier Hollanders die elkaar niet kenden ontmoetten elkaar op een eenzame plek, ergens aan de kant van de weg in Afrika. 'Vinden jullie het goed als we bij jullie komen zitten?' vroegen ze toen ze ons Nederlands hoorden praten.
Ze waren al maanden onderweg om uiteindelijk in Australië te belanden waar ze beiden een baan hadden aangenomen. *Ships that pass in the night.* We waren alle vier op weg naar Solitaire, dat ongeveer vijftig kilometer van deze plek is verwijderd. Wij vertelden van het boek, het appelgebak en onze liefde voor deze plek. Natuurlijk gingen we samen aan de taart en nu, jaren later, hebben we nog steeds contact. Ik app elke dag foto's naar Australië en ze reizen graag met ons mee. Als we elkaar op straat zouden tegenkomen herkennen we elkaar waarschijnlijk niet. Inmiddels hebben zij hun draai in Sydney gevonden. Hoe een simpele koffiestop een leuk contact van jaren kan opleveren. Ik pak onze koffiespullen uit op dezelfde tafel, maak jaloersmakende foto's en stuur alles richting Sydney. Reizen is behalve nieuwe herinneringen maken ook vaak oude herinneringen ophalen.*

'Zijn dat nu fietsers?' roepen we beiden bijna tegelijk en kijken verbaasd naar buiten.
'Misschien willen ze wel graag een glas koude ranja,' zegt Jan en stopt de wagen.
De twee mannen stoppen onmiddellijk, leggen hun fietsen midden op de weg neer en pakken graag de koele ranja en een paar koekjes aan. Het zijn twee Fransmannen. De man met de krullen begint te vertellen.
'Ik ben in september van 2021 begonnen met deze fietstocht. Mijn plan was om helemaal over land van Frankrijk naar Beijing te fietsen. Door de wereldwijde covid-pandemie heb ik in Iran het vliegtuig naar Nairobi genomen. Mijn vriend hier fietst een poos met me mee. Hij heeft me ook tijdens de start van deze reis een paar weken vergezeld. Soms komt er een

vriend uit Frankrijk over om een paar weken met me mee te fietsen,' vertelt de man in heel behoorlijk Engels.

'Ach jullie Nederlanders. Het meest ideale fietsland in de wereld met al die fietspaden,' lacht hij als hij hoort waar wij vandaan komen.

We wensen elkaar een goede reis en kijken met bewondering de twee mannen na die elke kilometer op deze dirtroad moeten veroveren. En dat ook nog helemaal uit vrije wil denk ik erachteraan en stap met nog meer plezier dan anders in ons wonder op vier wielen.

Corona Guestfarm weet ons niet tot een bezoek te verleiden en laten we rechts liggen. Dan kan meneer Shakespeare wel zeggen *'What's in a name?'* De naam Corona klinkt niet meer aantrekkelijk en heeft voorgoed zijn glans verloren.

Hoe dichter we bij Swakopmund komen, hoe drukker het wordt. De eerste pick-up auto's waar de vishengels als fallussymbolen uitsteken passeren ons. Symbool van de ego's van de eigenaren?

Kozen we tijdens onze vorige reizen altijd voor de Desert Sky als campingplek, nu gaan we naar Alte Brücke; een resort en conferentiecentrum waar het volgens veel mensen erg leuk kamperen is. Ook lekker dicht bij het centrum zodat we de auto kunnen laten staan. Alle plekken hebben een eigen gebouwtje met een douche, een wc, een aanrecht, een houten bankje en een droogrekje. Alles is brandschoon en er is gras. Gras is altijd geweldig als je ergens kampeert. Nummer 32 staat nu zo aan het eind van de middag nog lekker in de zon; perfect voor ons. Hier aan de kust is de zon prettig, zon weg betekent hier onmiddellijk alle warmte weg. Door het milde klimaat is deze stad en zijn omgeving ook erg populair bij de Namibiërs zelf en bij de Zuid-Afrikanen. Swakopmund is de vierde stad in grootte van dit land en druipt van de Duitse geschiedenis.

Palmbomen wuiven langs de kust, veel straten van zout, houten vakwerkhuizen en Duitstalige borden. Ook een stad die bij mij soms voor verwarring zorgt. Onze luxe kampeerplek waar alles is om het de kampeerder naar de zin te maken, de zwarte mensen die alles zo netjes en schoon houden en die in de avond naar hun armoedige huizen in de buitenwijk gaan. Huizen die vaak kleiner zijn dan onze plek, waar het water bij de pomp gehaald moet worden en waar een warme douche verre van vanzelfsprekend is. Nooit ben ik me meer bewust van mijn huidskleur dan in dit deel van de wereld.

*Een paar weken na thuiskomst een telefoontje van Hylke. 'Ik ben in de buurt van Nijverdal. Zijn jullie thuis?' Jaa! Jaren na onze eerste ontmoeting was het geweldig om samen aan onze eettafel koffie te drinken. Alsof we elkaar gisteren nog hadden gesproken.

Zee, zand, zout, zon, Swakopmund

Veel mensen vinden Swakopmund geen bezoek waard. Wij wel. Hoewel veel mensen in korte broek lopen en kinderen op blote voetjes rondrennen, mis ik mijn warme trui. Het is nog fris, de nevel en mist hangen zwaar en loom over de stad, tussen de huizen en ook op onze campingplek. Alles voelt vochtig aan. Maar, we hebben ons toilethuisje waar het warm is en waar het licht brandt. Reizen maakt creatief. Ik zet mijn stoel in de deuropening en ga mijn dagboek bijwerken. Langzaamaan wordt de wereld wakker en Jan ook.
Het is zondag en dus is het rustig in de stad. De zee laat zich wel horen maar blijft nog onzichtbaar. De gemeentereinigingsdienst maakt de stoepen schoon en leegt de prullenbakken. Swakopmund dankt zijn naam aan de rivier de Swakop; de stad is aan de monding van deze rivier gebouwd terwijl de droge en dorre Namib-woestijn altijd dichtbij is. Samen met het meer zuidelijk gelegen Lüderitz geven ze de bezoeker de indruk in Duitsland te zijn. Ook spreken nog veel mensen Duits en dat doet op zijn minst wat vervreemdend aan wetende dat ik in Afrika ben. De stad wordt door de Namibiërs zelf als het enige echte vakantieoord van het land beschouwd. De houten, Duitse vakwerkhuizen verraden de koloniale banden die het land ooit met Duitsland had.*
Waar de Duitsers vaak voor bruine kleuren kozen, hebben de mensen hier een voorkeur voor zachte tinten, zoals lichtblauw, roze of geel. Veel straten zijn van hard opgedroogd zout dat aanvoelt en eruit ziet als beton. Straten die eens de namen hadden van Duitse overheersers, maar nu zijn vervangen door namen van lokale en landelijke helden. Het zout is gebleven, de namen zijn veranderd. Kaiser Wilhelm Street heet nu Sam Nujma Avenue en Anton Lubowski heette ooit Lazarett Street. Uiteindelijk zullen alle Duitse namen vervan-

gen worden door namen die recht doen aan het Afrikaanse land dat Namibië is. Hebben we in Nederland niet dezelfde discussie? Je kunt, wilt en moet de geschiedenis niet veranderen maar je kunt wel recht doen aan de juiste mensen.

Bij Café Anton is het heerlijk zitten en trakteren we onszelf op een ontbijt: een lekkere start van de dag.
Uren lopen we door de stad, halen herinneringen op en maken foto's van de oude kazerne waar we in 1999 op het gras mochten kamperen. De kazerne van toen is met zijn zachtgele kleuren een opvallend gebouw. De zon heeft moeite om de mist te verdrijven. Swakopmund heeft een niet te missen zeeklimaat. De zoute zeewind laat de airco's, die als dikke puisten aan de gevels hangen, roesten. Het is overal opmerkelijk schoon, geen afval op straat of graffiti op de muren. De stad beschikt ook over een van de mooiste boekwinkels van dit land. Die Muschel, waar mijn Duitse vertaling van *In Namibië* ook op de planken staat. Hoe trots kan ik zijn? Het is gewoon kicken om te zien dat het boek blijkbaar nog aantrekkelijk genoeg wordt bevonden om op voorraad te houden. Het is een mooie winkel met een koffiehoek en een opvallend uitgebreide collectie. Voor elk wat wils, voor jong en oud, voor mooie souvenirs en een lekkere cappuccino. Veel Engelstalige boeken en boeken in de Zuid-Afrikaanse taal. Kunst hangt aan de muren en ook diverse kranten zijn er te koop. Ik koop een boek met kleurplaten in de vorm van boekenleggers. Kleurplaat klaar? Even de schaar erbij en je hebt je eigen, volstrekt unieke boekenlegger van bijvoorbeeld een Herero-vrouw, een giraffe, een neushoorn of toch liever een gestreepte zebra in kleuren die jij het leukst vindt.

Groene palmbomen steken hun toppen in de inmiddels blauwe hemel. De zon heeft haar taak gedaan. Hoewel het koude water van de Zuid-Atlantische Oceaan niemand uitnodigt om te zwemmen, houdt het veel kinderen niet tegen om lekker op blote voeten op het strand rond te rennen. Mensen flaneren er rond en wij trekken de jas nog maar wat steviger aan. Zowel door de uitstraling als door de frisse temperaturen zou een mens vergeten in Afrika te zijn.

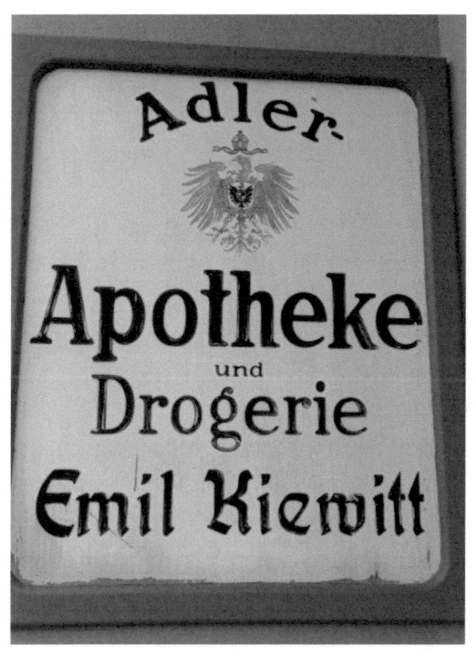

*   Duits-Zuidwest-Afrika   (Deutsch-Südwestafrika),   het   hui-dige Namibië, was van 1884 tot 1919 een kolonie van het Duit-se Rijk. Veel plaatsnamen doen nog denken aan die tijd, zoals Swakopmund en Lüderitz, maar ook de naam van de Caprivistrip dateert uit die periode. In 2013 heeft de Namibische regering de naam van de Caprivistrook veranderd in Zambezi Region. De naam Caprivi, genoemd naar rijkskanselier Leo von Caprivi, deed te veel aan de Duitse koloniale overheersing denken; de tijd was rijp voor een andere naam. Maar, zoals dat dan altijd gaat, men kan een naam wel officieel veranderen, maar dat wil natuurlijk niet zeggen dat de mensen dat ook doen. Ook wij hebben het ook altijd over de Caprivistrip.

Omaruru

Jan bestudeert de kaart en zoekt een nieuwe, tenminste voor ons, route om te rijden. Omaruru wordt onze volgende bestemming. Volgens alle informatie is alleen de rit ernaartoe al de moeite waard.
'Maak maar een foto,' lacht Jan en wijst om zich heen. 'Hier is werkelijk niks te zien.'
De zon laat zich gelukkig wel zien en al snel verandert de grijze hemel in een smurfenblauwe hemel die de omgeving ineens vele malen mooier maakt.
'Kun je daar even draaien, volgens mij zag ik daar een kruis met een benzineslang,' en hoor zelf hoe vreemd deze combinatie van woorden is.
In witgeverfde autobanden staan aloëplanten en kleine palmbomen, maar het is echter het kruis dat mijn aandacht vraagt. Uit het ruim twee meter hoge, witte, betonnen kruis steekt een benzineslang. Brandstof om naar de hemel te gaan? Dit prikkelt mijn fantasie. Op het rode bord een spreuk uit de Bijbel. Op een blauw geverfde autoband worden we welkom geheten en staat in het Engels dat met God als koning alles mogelijk is. Om weer een andere band is een lange ketting bevestigd waaraan allemaal kleine slotjes hangen. Op een andere band staat een naam met een telefoonnummer en op weer een andere staat het woord soepkeuken geschilderd. Zou dat de verroeste bekers, borden en pannen verklaren die aan stokken hangen die door de banden zijn gestoken? Geen idee waarom, waarvoor, voor wie dit is gemaakt. Wie heeft dit bedacht? Heeft de welstandscommissie dit goedgekeurd? Heerlijk voer voor mijn brein. Ik vind het in één woord geweldig. Dé plek om onze straatkoffie te drinken.

Het landschap is geweldig. De rotsen van Spitskoppe domineren links het uitzicht. Alle tinten bruin die er bestaan en niet bestaan kleuren op dit moment onze wereld. Bij een T-splitsing laten we Okombahe rechts liggen en slaan we rechtsaf richting Usakos en ruilen het asfalt in voor dirtroad. Jan past onmiddellijk zijn snelheid aan en na ruim honderd kilometer komen we weer op het asfalt. Regelmatig passeren we een gewone auto of komt er ons eentje tegemoet rijden; een teken dat de weg goed is. De weg naar Omaruru kan helemaal over asfalt afgelegd worden, maar wij kiezen voor het zand en de stenen. De beloftes worden waargemaakt. Het is genieten met volle teugen in een tevreden snorrende auto. We stoppen bij een controlepost en worden zonder verdere uitleg geregistreerd. De opdruk op het shirt van de man geeft ons de indruk dat dit deel van Namibië een beschermd gebied is voor de neushoorns. Een verkeersbord, vastgespijkerd op de muur waarschuwt ons voor hyena's, leeuwen en luipaarden maar niet voor neushoorns. Soms lijken onze vragen nog meer vragen op te roepen dan we antwoorden krijgen.

Als een ander bord ons waarschuwt om geen zebra's, wrattenzwijnen of koedoes dood te rijden weten we niet meer voor welke dieren we nu uit moeten kijken. De verwarring in de auto is compleet als we in de berm een paar giraffes zien lopen.

In de Bradtgids wordt het River Guest House in Omaruru aangeprezen als een mooie plek om te overnachten. Wanneer we parkeren voor de ingang komt er een man nonchalant aan lopen, sigaret in de mond, vriendelijke lach en hij opent de poort.

'Jazeker heb ik plek. Zoek maar uit,' klinkt het gastvrij.

'Bent u de eigenaar?' vraag ik.

Hij begint te lachen: 'Ik ben de eigenaar, de manager en de kok. Samen met twee meisjes doen we hier alles wat er gedaan moet worden.'

Er is een restaurant, een zwembad met koud water en er zijn gastenkamers. Zo veelzijdig als de eigenaar is, zo veelzijdig is ook dit complex.

'Dit is Molly,' stelt hij ons voor aan een enthousiast kwispelende hond. 'Ze is dol op knuffels.'

Zo gauw we het terrein op rijden zien we palmbomen, tropisch groene planten en cactussen die volop in bloei staan. We zijn in de tropen beland. Jan kijkt lichtelijk jaloers naar de grote agaves die voor afscheidingen zorgen tussen de kampeerplekken. Ik waan me in Azië. De hond loopt gezellig met ons mee en Jan heeft onmiddellijk een nieuwe vriendin, daar is hij heel gemakkelijk in. We voelen ons direct thuis en zoeken een mooie plek voor de nacht uit.

We rijden het vriendelijk ogend plaatsje in, waar de kerk een prominente plek inneemt. Een kerk met een rood dak van golfplaten; op de toren prijkt een groot kruis. Palmbomen en hardroze bloemen geven het een Aziatische uitstraling Ik loop ernaartoe en lees op het bord dat het om de St. Bonifatius Röm. Kath. Orstkirche gaat. Gebouwd in 1907. Alles ziet er schoon en keurig uit. Naast de kerk een opvallend rood gebouw. 'Windpomp meat market & deli' staat op de gevel; een slagerij die allerlei soorten vlees verkoopt, waaronder *droëwors*. De stoepen zijn aangeveegd en alles straalt een rust uit zoals op de zondagen in mijn jeugd; we zien bijna geen mensen.

De attractie van dit stadje is toch wel de Franke Toren, nooit eerder gezien, laat staan dat we enig idee hebben van de achtergrond en de betekenis hiervan. Bradt besteedt er zowaar een paar regels aan. Vanaf de camping hadden we hem al zien staan. Het is een eerbetoon aan kaptein Victor Franke van wie wordt beweerd dat hij zich kranig heeft verweerd nadat zijn garnizoen werd belaagd door de Herero-mensen in 1904. Deze verdienste was goed genoeg om hem te eren met de hoogste Duitse, militaire onderscheiding én deze toren. Deze toren kreeg de man cadeau van dankbare boeren in 1908. De deur is op slot maar er hangt een bordje dat aangeeft waar we de sleutel kunnen halen zodat we naar binnen kunnen. Voor de ingang staat een oud kanon op een wagen met grote, houten wielen. De houten deur staat echter wagenwijd open en we lopen nieuwsgierig naar binnen. De trap oogt levensgevaarlijk met ontbrekende traptreden, zonder leuningen en wat er nog aan hout aan zit is ernstig vermolmd. Toch kunnen we de verleiding niet weerstaan om naar boven te klimmeren waar we worden beloond met een mooi uitzicht over de opvallend groene omgeving. Gelukkig hebben we geen van beiden last van hoogtevrees.

Een plaquette van het Namibische Nationale Erfgoed bevestigt nog eens de heldendaden van deze meneer Franke, die met een kleine krijgsmacht een grote groep Herero-mensen wist te verslaan. Ik denk dat het passend is dat de trap langzaamaan verrot. Nu kijken we anders tegen de geschiedenis aan. Ik draai me om en weet zonder brokken te maken weer naar beneden te klimmeren.

Onderweg

'De kassier is er nog niet. Over een paar minuten gaan we open,' zegt de man bij de ingang van de Spar-winkel als we denken zo naar binnen te kunnen lopen.

'We komen zo wel weer terug,' lach ik en loop al grinnikend in mezelf terug naar de auto.

Dan gaan we eerst maar geld pinnen. Bank Windhoek heeft overal vestingen en zonder problemen haal ik tweeduizend Namibische dollar uit de muur. Hoewel veel banken het internationale cirrusteken hebben wil dat niet altijd zeggen dat ik er met mijn pas geld kan krijgen. Wij, en dan met name ik, reis graag met genoeg geld op zak.

Inmiddels is de kassier op zijn post in de winkel en koop ik lekker versgebakken brood en vleeswaren. De supermarkten in dit land zijn allemaal goed gevuld en alles is te koop.

Jan heeft de route uitgezocht, de koelkast spint tevreden en geeft me een decadent gevoel dat we dit allemaal bij ons hebben. We zijn helemaal klaar voor een dag rijden en hobbelen. Zo gauw we de stad uitrijden knerpen en knarsen de steentjes en het zand weer onder de auto. Naast kleine winkeltjes ook *shebeens* die in felle kleuren zijn geschilderd zodat ze niet te missen zijn. Deze drankwinkels zijn vaak oververtegenwoordigd. Na ruim zestig kilometer rijden we door Omatjette, een te leuke plaatsnaam om niet even te stoppen. De Omatjette Kontant Winkel is gesloten en ziet er vervallen uit. Een groot hekwerk moet voorkomen dat mensen met snode plannen binnen willen komen. We rijden verder, parkeren ergens aan de kant van de weg en genieten van onze koffie in een weidse omgeving. Ik zwaai enthousiast naar iedereen die ons passeert, iedereen zwaait terug en vrachtwagenchauffeurs laten hun claxon loeien. Genieten zit soms in hele kleine dingen.

Sango Life Shebeen belooft naast drank ook vers brood en onder de achttien ben je niet welkom; het staat in duidelijke afbeeldingen op de lichtbruine muur geschilderd. De deur is gesloten. De deur van Ozondatie Liqour & Grocery staat open. Een man staat in de deuropening en kijkt naar een vrouw die een wagen ment waar twee ezels voor zijn gespannen. Een man ligt half voor haar voeten in een ongemakkelijke houding in het bakkie, een fles drank in zijn handen. Vaders met een slok teveel opgehaald uit de plaatselijk shebeen? Het wagentje is gemaakt van een dak dat ooit een Toyota Hilux-wagen heeft gesierd.

Het landschap is weer van een weergaloze schoonheid. Het is groen en stekelig gras staat hoog tegen de randen van de weg. Witte, pluizige bollen - ze doen me erg denken aan de degelijke Hollandse paardenbloemen - lukt het toch om houvast te vinden, te groeien en te bloeien in deze harde, stenige grond. De wind blaast de pluizen rond en laat het sneeuwen. Een boer dirigeert een vijftal koeien de weg over. Bij River Side Take Away zitten twee mannen te wachten op klanten. De snackbar staat op een kaal stuk grond en nodigt niet echt uit tot een stop en dan rijden we Sorris Sorris binnen. Alleen de naam is al een reden om te stoppen. Op de muur van een plaatselijke winkel zijn nog een paar vage muurschilderingen te zien. Een wagen met vier ezels ervoor en een Hererovrouw die op de bok zit en met een zweep de dieren aanspoort om een pootje harder te lopen. Een andere afbeelding laat duidelijk zien dat er ooit een waterviaduct is aangebracht. Helaas heeft de Ugab Mall - een grootse naam voor een klein betonnen dorpswinkeltje - lang geleden de laatste klant gehad. De deur en de ramen zijn dicht; het verval is onmiskenbaar. Hetzelfde geldt voor de ronde hutjes die allemaal op instorten staan. Onder een afdakje zitten een paar tieners. Een spookdorp maar dan op zijn Afrikaans. De verveling is bijna tastbaar. Twee vrouwen, beiden een zwarte kookpot in de hand, lopen gehaast voorbij en prachtig uitgedoste Herero-

vrouwen staan bij een kraampje hun zelfgemaakte spulletjes te verkopen. De ene mevrouw gekleed in een jurk van hard-roze en blauwe kleuren, goudkleurige patronen en een smalle, zwarte, kanten sjaal om haar schouders valt het meest op. Het zweet parelt op haar gezicht en in haar handen houdt ze een etuitje vast. Op oude handnaaimachines naaien de andere vrouwen van kleine lapjes stof nog meer tasjes en zakjes.
'Ik koop dat graag van je,' zeg ik tegen de vrouw die natuur-lijk direct in de gaten heeft dat die twee mensen wel iets wil-len kopen en pak het etui van haar aan.
Wie geen geld uit wil geven moet thuis blijven, zei mijn va-der altijd. Ik denk trouwens dat de vrouwen meer dagen zon-der dan mét klanten kennen. Dat geeft toch enige druk om iets te kopen, lach ik in mezelf en ik weet dat mijn sympathie altijd bij de vrouwen zal liggen, ongeacht in welk land we ook reizen. Aan een van de tasjes moet nog een lusje gemaakt worden. Ze pakt het op en al pratend, terwijl haar ogen naar mij kijken en niet naar wat haar handen aan het doen zijn, wordt het lusje er vakkundig aangenaaid. Wat een werk. Ik kom zelf niet verder dan een knoop aannaaien en ben altijd diep onder de indruk wat veel vrouwen met naald en draad kunnen. Haar hoed is gemaakt van dezelfde stof als haar jurk. Op de hoed een grote speld van glittersteentjes die precies in het midden, boven haar neus, op de hoed is bevestigd. Het hoofddeksel staat als een reuzenappelflap op haar zwarte krullen. Stevig opgerolde kranten in de flappen zorgen ervoor dat de punten lekker eigenwijs blijven staan. De vorm van deze hoofdeksels staat symbool voor de hoorns van een koe. Vee is erg belangrijk voor zowel de Herero- als de Himba-mensen. Zo zal men een man eerder vragen hoe het met zijn vee gaat dan hoe het met zijn vrouw is gesteld.
'Hoeveel jurken draag je nu in totaal?' vraag ik nieuwsgierig.
'Nu heb ik er zes aan,' zegt ze en ik kan me niet aan de in-druk onttrekken dat ze mij in mijn dunne, katoenen zomer-jurkje maar zeer karig gekleed vindt.

Toen de Duitse missionarissen naar Namibië kwamen, wilden ze de mensen bekeren tot brave christenen. Alleen waren de vrouwen veel te bloot, dat kon natuurlijk niet. Ook gekleed in alleen wat dierenvellen gaf geen pas. Dat de dames er zo al eeuwen bijliepen was geen reden voor de Duitsers om dit maar zo te laten. Men beval de vrouwen om zich te kleden zoals de Europese vrouwen dat deden. De toenmalige Europese mode bestond uit degelijke Victoriaanse kleding. De Herero-vrouwen luisterden naar de zendelingen, trokken hun dierenvelletje uit en hesen zich in al die jurken. De Himbadames waren eigenzinniger en hadden geen boodschap aan die mannen uit Duitsland en bleven zich kleden zoals dat al eeuwenlang gewend waren. Wie had toen kunnen verzinnen dat de Herero-vrouwen zich tot op de dag van vandaag nog graag in al die gewaden hijsen terwijl er geen enkele Europese vrouw meer is die zo gekleed gaat. Vrouwen hebben er echt wat voor over om gekleed te gaan in mooie jurken. De zendelingen kunnen tevreden zijn, de vrouwen dragen ze nog, maar nú omdat ze dit zelf willen en niet omdat een man uit dat verre Duitsland dit ooit voor hen heeft beslist.

De wegen rood, de luchten blauw en andere weggebruikers kondigen hun komst door middel van grote stofwolken aan. Een bord verwijst naar de Twijfelfontein Lodge die, zo weten we ons goed te herinneren, op een schitterende locatie is gebouwd. Twijfelfontein heeft haar naam te danken aan een waterbron die af en toe water gaf. Alsof de bron twijfelde. Door de droge omgeving had deze waterplaats een grote aantrekkingskracht op de dieren en op de mensen die hier woonden. Het is tevens de plek om oude rotstekeningen te kunnen zien. Tekeningen die in een ver verleden door de San - die hier water kwamen halen - in deze roestbruine rotsen zijn aangebracht.

Een uitstekende plek om een cappuccino te scoren, we rijden met plezier de twaalf kilometerlange weg heen en straks weer terug. Je moet er iets voor overhebben.

We lopen een rondje en zien verschillende rotstekeningen van giraffes en olifanten. Er schijnen duizenden en duizenden van dit soort afbeeldingen te zijn. Men gaat ervan uit dat er tot nu toe maar een fractie van ontdekt is. Waarom hebben mensen dit ooit gedaan? Men weet het niet. Misschien werden ze gemaakt voor bepaalde ceremonies, misschien om kinderen iets te leren? Graffiti is dus van alle tijden denk ik. Ik kijk met ontzag naar tekeningen die iemand - misschien verveelde hij zich, vond ie een scherp steentje en begon hij een beetje achteloos te krassen in een rots - heel lang geleden heeft gemaakt. Absoluut geen idee hebbende dat eeuwen later, mensen uit alle hoeken en landen van de wereld hier naartoe zouden komen om het te bewonderen. Misschien maakte hij het wel voor zijn moeder? Waren het alleen mannen of deden de meiden minstens zo enthousiast mee? Of werden ze gemaakt om indruk te maken op een geliefde? Vragen zonder antwoorden. Geen idee. Blijkbaar hebben mensen altijd al de behoefte gehad om een soort van bewijs van hun bestaan achter te laten. We herkennen spiesbokken en andere bokken in de tekeningen. Of is het toch een hyena? Je kunt met een gids op pad zoals we jaren geleden ook hebben gedaan. Het was toen zo knetterheet dat het niet te doen was. Na afloop van de wandeling, die meer een uitputtingsslag was voor mij, gingen we terug naar de camping waar we alleen maar in de schaduw hebben gezeten en grote bekers rooibosthee hebben gedronken. Als ik de naam Twijfelfontein hoor kan ik alleen maar aan die onbeschrijfelijke hitte denken.

De lodge en het restaurant zijn zo gebouwd dat ze als het ware versmolten lijken met de stenige omgeving. Grote, robuuste fauteuils zijn zo neergezet dat je een prachtig uitzicht op de omgeving hebt. Houten tafels staan als reuzenpaddenstoelen tussen deze stoelen. Vandaag is het een heerlijke zomerse dag, de zon schijnt perfect en de cappuccino is er een volgens het boekje. Nieuwe herinneringen versmelten zich als vanzelf met mijn oude herinneringen aan Twijfelfontein.

'Stop even, daar wil ik een foto van maken,' zeg ik als ik een bord zie dat ons waarschuwt voor overstekende olifanten. Dikke drollen liggen als molshopen bij elkaar maar de dikhuiden laten zich niet zien. Uren rijden we door het landschap. Waar gaan we vannacht slapen? Palmwag, waar we vaker waren of gaan we naar Hoada, waar we nooit eerder waren? Op de afslag naar Hoada besluiten we om te bellen. De 45 kilometer naar deze camping is weer de betere stuiterweg en zal zeker een uur duren. Jan belt en een vriendelijke vrouwenstem bevestigt ons dat er plek is en geeft ons ten overvloede nog het nummer van de manager. Geen idee waarom maar ik noteer het toch maar.
'Wat moeten we daar nu mee?' vragen we ons beiden af.
'Je kunt alleen met contant geld betalen,' zegt ze nog snel voordat ze de verbinding verbreekt.
Dat hebben we voldoende bij ons en Jan draait de wagen richting Hoada. Hoada is natuurlijk een naam die mijn ego streelt. Het doet me denken aan onze rondreis door Ghana toen we alleen voor de naam Ada Foah naar een plaats zijn gereisd waar zelden of nooit toeristen kwamen, Als je naam genoemd wordt in het buitenland en je bent toevallig in de buurt dan kun je er op zijn minst naartoe gaan is mijn stelling.*

* Lees er alles over in mijn boek *Ghana een reis op het ritme van de drums*

In Hoada

De weg is bij vlagen erg slecht. Jan laat de auto als het ware zijn eigen weg zoeken. Dat schijnen auto's te kunnen. Nou ja, we praten ook tegen onze wagen en laten hem regelmatig merken hoe dol we op hem zijn. Terwijl de auto zijn eigen weg bepaalt, springt er een troep bavianen de weg over. Een baby-baviaan danst op de rug van mama mee. Een foto maken kunnen we wel vergeten. De bavianen zijn banger voor ons dan dat ik voor hen ben. Een goede zaak. De mens heeft de dierenwereld nooit veel goeds gebracht.
Bomen weten toch met hun wortels houvast te vinden tussen de rotsen. Hun witte stammen vormen een mooi contrast met de rode stenen en de laagstaande zon verzacht met haar stralen de harde en rauwe omgeving. Jan rijdt het terrein van Hoada op.
'Hebben jullie gereserveerd?' vraagt de vrouw bij de receptie.
'Jazeker, we hebben ongeveer een uurtje geleden gebeld.'
'Mm, da's dan vreemd. Ik heb geen boeking staan.'
Het kwartje valt. Het nummer dat Jan heeft gekregen is van de manager die we hadden moeten bellen. Het nummer dat wij hebben gebeld was van hun kantoor in Windhoek. Dat hadden we niet begrepen. De vrouw lacht vriendelijk om het misverstand en geeft ons blok drie.
'Ik zal even de spelregels van deze camping voor jullie uitleggen. We zijn niet verantwoordelijk voor jullie en nergens aansprakelijk voor. Hier staat alles in het Engels op papier maar dat is een hele waslijst om te lezen. Maar hier komt het zo'n beetje op neer. Ik verwacht namelijk niet dat jullie dit allemaal gaan lezen,' komt er eerlijk achteraan.
Haar toon verraadt dat ze dit al ontelbare keren heeft verteld. Voor ons is het echter de eerste keer dat we dit soort spelregels horen op een camping. We knikken braaf.

'We hebben twee honden, de een is lief maar de andere niet,' besluit ze haar verhaal.

Welke lief is en welke niet wordt niet helemaal duidelijk.

'Dan nemen we plek twee,' zegt de man die met ons meeloopt op vriendelijke toon als blijkt dat op blok drie al een paar kampeerders staan.

'Werk je hier al lang?' wil ik graag weten.

'Ik werk hier al vanaf 2014. We werken zes weken en zijn dan twee weken vrij. Morgen ben ik ook vrij, dan heb ik een bruiloft.'

Hij is zichtbaar tevreden met zijn baan en de voorwaarden.

'Ik zal straks de *donkey* voor jullie aansteken. Dan hebben jullie lekker warm water om te douchen.' *

Een donkey is een soort van rechtopstaand olievat waarin een houtvuurtje wordt gestookt en zo het douchewater verwarmt. Door de zwarte plastic slangen die over en door de rotsen lopen komt het water als vanzelf uit de kraan die ik opendraai. Een briljante uitvinding. We hebben het in meer Afrikaanse landen gezien.

De plek is weergaloos mooi en precies dat wat je van een plek in dit gebied verwacht. Toilet en douche tussen de rotsen; er komt warm en koud water uit de kranen en het toilet spoelt netjes door. Er is en stenen vuurplaats die dienst kan doen als barbecue, aanrecht of tafel met een royaal afdak erboven. Het afdak steunt op een paar degelijke boomstammen. Ik zet er onze gasbrander neer. Er is zelfs een klein zwembadje gebouwd tussen de rotsen. Wat een ongelofelijke klus om dit hier allemaal te maken, om alle materialen hier te krijgen; we zijn diep onder de indruk. Jan manoeuvreert de auto zo dat de daktent goed open kan en rechtstaat. Het loket - de zijkant van de wagen die open kan als een loket - richting het aanrecht. Het is soms even passen en meten. Wanneer je te ver met je hoofd achterover ligt is dat verre van fijn en slaapt het gewoon vervelend. Lig je weer te veel rechtop dan glijd je

weer naar beneden. Ook is het prettig om via het voeteneinde de tent binnen te klauteren zodat je niet met je voeten - hoe we ons best ook doen maar onze voeten zijn en blijven toch verre van schoon - over de kussens naar binnen gaat. Ons keycord hebben we omgedoopt tot een schoenenkoord. We kruipen 's avonds de tent in, doen de sandalen uit en hangen deze vervolgens aan het koord die we aan de bovenste trede van het trapje vastmaken. Zo zijn onze schoenen veilig voor dieren met snode plannen die ze misschien als hun volgende maal zouden kunnen beschouwen. Dat zal hier geen probleem zijn maar in het Etosha-park ligt dat toch even anders.
We klappen onze stoelen en tafel uit en ik hang de natte thee-doek te drogen aan een boomtak: we zijn alweer thuis. Ik ga eitjes bakken, smeer het brood en kies zo voor een makkelij-ke avondmaaltijd. De wind waait het geroezemoes van de andere gasten naar ons stekkie, terwijl de zon ondergaat in kleuren waar dit continent patent op heeft.

* Vroeger werden er vuren in lege tonnen/olievaten gemaakt om zo stoom te verkrijgen dat vervolgens als energiebron werd gebruikt om goederen te kunnen verplaatsen. In de houtindustrie werd zo'n kachel op een houten slede gezet en door de stoomenergie vervoer-de men de boomstammen. Een pakezel maar dan anders en ziedaar de naam ezel, donkey, was geboren. En nu, heel veel jaren later kan ik dankzij deze uitvinding genieten van een heerlijke warme douche.

Respect voor Jimbo

Het is heerlijk wanneer je kampeert en het gewoon elke dag mooi weer is. Niks geen natte, klamme tent, of bibber de bibber wanneer je naar het toilet moet. Zo langzamerhand hebben we de routine van het kamperen weer te pakken. Kamperen doet ons altijd in het traditionele patroon vervallen. Jan propt het beddengoed in de katoenen zak die vervolgens op de achterbank gaat - het matras met het onderlaken is het enige dat in de tent blijft liggen - klapt de tent in, controleert of alles goed is bevestigd en trekt de dikke plastic beschermhoes eroverheen. Ik kook water voor koffie en thee, vul de thermos voor onze straatkoffie, smeer het brood, ruim alles op en pak de auto in. Alles krijgt zijn vaste plek. Vaste plekken verhogen absoluut de sfeer. Iets verkeerd neerleggen leidt tot ergernis en zoekgemaakte spullen en lekker gekissebis. Zo is onze verrekijker zoek. Ik weet zeker dat we hem meegenomen hebben terwijl Jan twijfelt, maar we kunnen hem geen van beiden vinden. Het kan me altijd weer verbazen hoeveel een mens kwijt kan raken in één auto terwijl je zeker weet dat je niks hebt laten liggen. De eerlijkheid gebiedt me om te zeggen dat ik beter ben in zoekmaken en Jan een meester is in het terugvinden. Alleen waar die verrekte verrekijker is; ik heb geen idee. Ik weet alleen beslist zeker dat ie ergens moet liggen!

De dikke banden laten de stenen en het gruis weer vertrouwd knerpen en knisperen. We zien wel waar deze weg ons brengt. Natuurlijk hebben we de route zelf uitgezocht maar dat wil niet zeggen dat ik weet wat er achter de volgende bocht te zien is. Ergens in de buurt van Sesfontein willen we een plekje voor de nacht zoeken. Sesfontein waar het ooit mogelijk was om op het grasveld van de oude kazerne te overnachten. Dat kan al heel lang niet meer. Gezien de vele campings en guestfarms die we elke dag zien maken we ons daar geen zorgen over. Ergens is er wel een plekje voor ons. We rijden de Grootberg Pas die tien kilometer lang door de omgeving cirkelt. Grillige bergen en platte tafelbergen wisselen elkaar af.

Maar eerst naar Palmwag. Palmwag, dat zijn naam dankt aan de palmbomen die als wachters het terrein beschermen. Palmwag, waar we vaak zijn geweest. Stoppen! Controle. Volgens het bord rijden we door gebied waar gecontroleerd wordt op veeziekte. In een groot boek wordt genoteerd wie het gebied in- en weer uitgaat. Wat dat dan met controle te maken heeft is een raadsel voor ons. We hebben niks te verbergen en ze mogen al onze gegevens hebben. Een ander bord legt de bezoeker uit dat in dit gebied geen dieren of beschermde planten vervoerd mogen worden zonder toestemming van de overheid.

Bij het Palmwag Fuel Station slaan we af om niet veel later het terrein van de Palmwag Lodge op te rijden. Jan parkeert de wagen voor de ingang. Het is er niet druk. Groene palmbomen staan strak afgetekend tegen de blauwe lucht en overzien van grote hoogte het terrein, zich bewust van hun taak. Dat is altijd het leuke van zo'n beetje elk Afrikaans land, men vindt zelden iets raar en twee bezoekers die zo vroeg in de ochtend op de koffie komen laat geen enkele wenkbrauw fronsen. De gasten van de lodge genieten van een royaal ontbijtbuffet, wij bestellen koffie en gaan ergens zitten.

Het komt me allemaal bekend voor en ook weer niet. Het zijn soms de kleine dingen die herinneringen oproepen. Het bordje dat de bezoeker wijst op de *Elephant walk* herken ik onmiddellijk. In deze omgeving is de kans om de woestijnolifanten te zien altijd aanwezig. Een ander bord waarschuwt de bezoeker ervoor dat Jimbo de olifant een wild dier is en wordt de bezoeker gevraagd om de persoonlijke ruimte van de olifant te respecteren. Weer zo'n zin waar ik lang over kan nadenken. Hoe groot zou trouwens de persoonlijke ruimte van een olifant zijn? Het complex is een van de oudste accommodaties in dit gebied, waar het personeel geruisloos zijn werk doet, waar we genieten van de omgeving en waar ik in alle rust mijn aantekeningen kan uitwerken, terwijl ik tegelijk de privacy van Jimbo respecteer.

De weg golft door het landschap en zebra's, giraffes en springbokkies verhogen het rijplezier. Het wild dat ik buiten de parken zie heeft altijd iets speciaals. In de parken verwacht ik na elke bocht op zijn minst een leeuw die op de weg ligt of badderende olifanten in de verte. Zo rijdend van A naar B verwacht ik niks, hoop ik er wel op en geniet dan extra van de dieren die ons pad kruisen. Rode zandduinen, blauwe luchten en groen, erg veel groen, zijn de kleuren die onze wereld op dit moment bepalen. Op ongeveer 25 kilometer voor de afslag naar Sesfontein zie ik een bord dat verwijst naar de Khowarib Lodge. Een lodge met een camping, een zwembad, een restaurant en maar een kilometer van deze doorgaande weg af. Vaak zijn de lodges kilometers ver van de hoofdweg verwijderd, deze is dichtbij.
'Zullen we eens kijken of het wat is?' stel ik voor.
In Sesfontein verwachten we niet veel te vinden en dit belooft heel wat en dat klopt, zoals we niet veel later kunnen zien. De lodge is er weer een volgens het boekje. Twee meter hoge metalen maskers staan uitnodigend bij de ingang om de bezoeker welkom te heten.
'Zoek maar een plek uit waar jullie graag willen staan. Kom dan maar terug om te zeggen waar je staat en om te betalen,' aldus de manager.
De receptie is smaakvol aangekleed met houten kunst en een zitje voor de bezoeker. Plek twee is een prima plek, op gepaste afstand van het toiletgebouw - *for those who sit and for those who stand* - en we klappen de stoelen uit onder het grote zonnescherm. Heerlijk, altijd een plekje in de schaduw. Er

is een aanrecht in de vorm van een langwerpig rooster waar een wasbak in zit met een kraan erboven. Op het rek liggen de hoorns van een springbokkie; dat maakt het afwassen in-eens een stuk leuker en vormt een vreemd contrast met mijn gele schuursponsje en de fles afwasmiddel. Ik zet alles smaakvol naast elkaar.

De tent laten we nog even ingeklapt; we gaan naar het 25 kilometer verder gelegen Sesfontein, een drankje scoren en even ons geheugen testen.

Forten en sandalen

'Zou de bakkerij in Warmquelle er nog zijn?' vragen we ons beiden af.

De laatste jaren kochten we daar altijd een versgebakken brood. Soms was het te heet om aan te pakken en legde ik het in een theedoek op de achterbank. Ik zie aan de linkerkant een nieuwe bakkerij staan, die er niet was toen we hier de laatste keer waren. Op de muur een afbeelding van een brood en een flesje water. We rijden door en gokken erop dat het andere winkeltje er nog is. Yes! De bakkerij is er nog, aan de rechterkant van de weg. Stoppen. Op een hardblauw geverfd bord staat in duidelijke witte letters W Quelle Bakery en eronder 'Opening Day'. Dat zal wel betekenen dat de bakkerij elke dag geopend is, vul ik zelf maar in. Er komt een aantal toeristen het pandje uitlopen

'Heerlijk brood hebben ze hier,' zegt de ene vrouw met een lach op haar gezicht tegen ons.

Ze hoeft ons niet te overtuigen. We lopen naar binnen waar in het bescheiden gebouwtje een vriendelijke, goed verzorgde, jonge vrouw - blauw hoofdoekje om d'r haren geknoopt - achter de toonbank staat.

'Ik ben het vak nog aan het leren,' zegt de vrouw terwijl haar vingers aan het prutsen zijn om een plastic zak waar een vers brood in zit, dicht te krijgen.

Alles ziet er netjes uit. Witte kastjes, plastic zakken en een moderne broodmachine; dat laatste had ik dan net weer niet verwacht. Te leuk dat de zaken blijkbaar goed gaan. Op de muur staat geschilderd *Bakkerij Lekker bread*. Geweldig. Bescheidenheid brengt een mens ook nergens.

'Met deze machine kan ik één keer twintig broden maken. De machine doet er ruim veertig minuten over,' legt ze uit.

Met een vers brood op de achterbank reizen we verder naar Sesfontein, waar Jan precies weet waar hij moet zijn. De auto is vlot geparkeerd en we lopen het terras op, waar zitjes in de schaduw staan en een koel drankje snel is besteld.

Fort Sesfontein dankt zijn naam aan de zes bronnen die hier ooit in de buurt waren. Het plaatsje ligt half op de grens van het noorden van Damaraland en Kaokoland. Eind negentiende eeuw wilden de Duitsers graag inzicht hebben in het rondtrekkende vee en de daarmee gepaard gaande runderpest. Er werd een fort gebouwd door de soldaten van het Duitse Keizerrijk dat de functie kreeg van een politiepost. In het begin van de twintigste eeuw werd Sesfontein door de Duitsers tot een belangrijke militaire post gemaakt. Een fort met kantelen, met stromend water en er werd zelfs een grote moestuin aangelegd, zodat de Duitsers ook ver verwijderd van *die Heimat* toch hun portie verse groente kregen. Door het uitbreken van de Eerste Wereldoorlog werd het fort verlaten en toen de Duitsers zich in 1918 terugtrokken uit Zuidwest-Afrika raakte het fort in verval. Nu, vele jaren later, is het een hotel waar toeristen graag komen. Een hotel met een zwembad en een restaurant met een mooi binnenterras met een prima menukaart. Het zwembad ziet er uitnodigend uit. Olifanten, giraffes en wrattenzwijnen wandelen - in de vorm van mozaïeken - over de muren. Het ziet er allemaal even netjes en verzorgd uit. De kleuren van het zand gaan bijna naadloos over in de kleuren van het fort. Witte stenen markeren de parkeerplaatsen en grote agaves doen hun best om hier te groeien. Palmbomen staan te glanzen tegen de blauwe luchten een een felroze oleander slooft zich uit om voor wat kleur te zorgen. Ik vind het een geweldige plek, de sfeer, de geschiedenis, het prikkelt mijn fantasie. Dan denk ik aan die Duitse soldaten die hier misschien helemaal niet wilden zijn, die dingen moesten doen die niemand wil doen, zo ver van alles en iedereen verwijderd. Ik vraag me af op ze op de kaart van Afrika dit land aan konden wijzen. Hadden ze nog contact met hun familie in Duitsland? Kwamen ze hier vrijwillig of werden ze ook maar gewoon gestuurd? Werken en wonen in een Duits fort onder de brandende Afrikaanse zon in een land dat in niks leek op het verre Duitsland.

We lopen een paar winkels af, die allemaal hetzelfde verkopen, maar we zijn op zoek naar lijm. Blikken voedsel, flessen drank en zeer langdurig houdbare producten hebben de overhand. Lijm zien we niet liggen.
'Daar is een autobandenplakker, die hebben vast wel lijm,' wijst Jan naar een bord.
De zolen van zijn sandalen flapperen er losjes onder en dat loopt niet prettig. Ze moeten het nog even volhouden, het zijn de enige schoenen die Jan bij zich heeft. Op een groot, wit, cementen bord staat in grote letters *'Tyre repair'*, mini shop, eieren, ijsblokjes en ook een gids die je hier het een en ander kan laten zien kan hier geboekt worden. *'Only hier'* staat er vermeld.
Iemand die een dergelijk gevarieerd aanbod heeft, heeft vast wel een pot lijm. Om een boompje liggen een paar autobanden. Aan de linkerkant hebben de kapper en de barbier hun bedrijf. Een multifunctioneel gebouw, ik hou ervan.
'Mm, dat is niet goedkoop. Ik moet eerst lijm halen,' zegt de eigenaar van de Desert Kingdom Garage; er trekt een zorgelijke blik over zijn gezicht.
'Lijm is erg duur.'
Vooruit, we zijn de beroerdsten niet en spreken een prijs af, Jan laat zijn sandalen achter en wij gaan op zoek naar een winkel waar misschien verse producten te koop zijn zoals fruit en yoghurt. De grote vriezers zijn allemaal gevuld met grote stukken vlees. Nope, alle winkels verkopen hetzelfde. Er komen vier kinderen binnenlopen. In hun handjes een klein muntstukje stevig vastgeklemd. Uit een van de vriezers worden waterijsjes gehaald, huisgemaakt, in felle bijna licht-

gevende kleuren, in plastic zakjes. Er wordt een puntje afgebeten en al sabbelend lopen de kinderen de winkel weer uit. Het raakt me dat er gelukkig een paar centen zijn zodat de kinderen iets lekkers kunnen kopen. Ik word er blij van. Een man komt binnen en haalt een pak rijst op. Hij kijkt wat onbeholpen om zich heen; zijn vrouw zal hem wel gestuurd hebben. De kassière hangt half achter de toonbank en weet zo met minimale inspanning de kassa te bedienen. Ze knikt, ze wil en kan ons wel helpen om nieuw beltegoed op onze telefoons te zetten. Ze komt er toch niet helemaal uit. Gelukkig wil de jonge man die op een stoel voor de toonbank zit graag even helpen. Het duurt niet lang of alles is geregeld. Ik betaal met plezier de driehonderd Namibische dollar. Een gigantisch bedrag voor een winkel zoals deze waar alles per stuk word verkocht. Ze is er zichtbaar blij mee en weer realiseren we ons hoe bevoorrecht wij zijn.

'Ik heb de schoenen ook nog even schoongemaakt,' zegt de bandenplakker, wanneer we ons melden. 'Pas op! Niet in het water gaan, daar kunnen ze niet tegen,' aldus de man.
Jan trekt met plezier de sandalen weer aan en hopelijk blijven de zolen plakken tot aan ons vertrek.
'Ik zag dat jullie ook eieren verkopen. Ik wil er wel zes,' zeg ik, dan heb ik toch wat verse producten denk ik bij mezelf.
'Eieren heb ik thuis. Die kunnen we even in jullie auto gaan ophalen. Is maar een afstand van zeshonderd meter,' antwoordt de bandenplakker.
Nou nee, dan maar niet. Zeshonderd meter kan zo maar een paar kilometer zijn. Veel mensen hebben geen idee van afstanden en om nou diep de bush in te gaan voor een paar eieren. We hebben nog genoeg om een maaltijd in elkaar te prutsen en er ligt natuurlijk nog een heerlijk vers brood op de achterbank. We lopen lachend terug naar de auto.

Naar Opuwo

De tent is ingeklapt en alles is opgeruimd. Alles een eigen plek. Nog even een laatste check of er niks is blijven liggen en dan zijn we klaar voor de dag van vandaag. Een dagelijkse routine die elke dag sneller lijkt te gaan en Jan rijdt de camping af richting Opuwo.

'Ik wil graag een foto maken van deze bakkerij, stop maar even' zeg ik tegen Jan als we dicht bij Sesfontein zijn.
Ik kan er geen genoeg van krijgen om zelfs de meest simpele afbeeldingen op winkels, bedrijven, borden en stenen te fotograferen. Op de een of andere manier spreekt het me aan, de eenvoudige, soms zelfs aandoenlijke afbeeldingen en ik maak een foto van het brood en de fles water op de leverkleurige muur. Ik zie geen beweging bij de bakkerij; de rode, houten deur is gesloten. Afrika zou Afrika niet zijn als er niet zo maar schijnbaar uit het niets een jongeman met een lach van oor tot oor die een perfecte gebit laat zien tevoorschijn komt.
'Dus jullie zijn wel open,' zeg ik verbaasd.
'Jazeker, we hebben vers gebakken brood. Kom maar mee. Ik moet even de sleutel ophalen. Dat duurt maar vijf seconden.'
Maar daar komt zijn broer al aanlopen met de sleutel in de hand. De deur wordt voor ons opengedaan en we gaan naar binnen. Op de toonbank ligt een hele rij netjes verpakte broden die eruit zien als cakes. Natuurlijk koop ik er een. En, nee, zo vroeg op de dag is er nog geen wisselgeld. De twee broers, die werkelijk als twee druppels water op elkaar lijken, lachen zo lief, dat ik met plezier het wisselgeld laat zitten

Vlak voor Sesfontein nemen we de afslag naar Opuwo. De weg voert geniepig omhoog, borden waarschuwen voor vallende stenen en het zeer spaarzame verkeer kondigt zijn komst al van verre aan. We zijn nu in het Afrika van rommelige, betonnen huisjes met golfplaten daken. In elkaar geknutselde afdakjes van plastic en in mijn ogen afval, moeten mensen tegen de ergste zon en de regen beschermen. Bij de meeste huisjes staat op gepaste afstand een toilet met op het dak een schoorsteenpijpje. Dekens hangen over de waslijnen en afval ligt her en der rond de woningen. Van takken zijn ronde kralen gemaakt die het vee 's nachts bij elkaar moeten houden en ze moeten beschermen tegen wilde dieren met eetlust. Verongelukte auto's zijn door de jaren heen vergroeid met de omgeving en passen perfect in het landschap. Straatkunst 2.0. Metershoge termietenheuvels staan als pilaren in het landschap en hebben de kleur van het rode zand aangenomen. De meest steile stukken zijn nu geasfalteerd. Toen we in 1999 deze weg voor het eerst reden in een gewone auto wilden de mensen in Opuwo amper geloven dat we dit in een Volkswagen Polo hadden gereden. We konden het zelf nauwelijks geloven en waren dolblij toen we veilig in Opuwo aankwamen. Ik vond het doodeng. Onze dikke bak lacht om mijn angsten van toen.*

Er staat een auto met pech aan de linkerkant van de weg. Een man beduidt ons om te stoppen. Dat is een ongeschreven regel die geldt voor iedereen Bij pech help je elkaar. We begrijpen niet goed wat zijn probleem is? Geen diesel? Hij heeft honger en vraagt of we *kos* bij ons hebben. Kijk, daarom heb ik natuurlijk twee broden gekocht gniffel ik in mezelf en geef de man een brood en een fles water. We hebben altijd veel water bij ons. Elke lege fles vullen we met het prima water dat hier uit de kraan komt en die geven we graag weg. Als dikke vrienden nemen we afscheid van elkaar en hopelijk komt ook hij vanavond weer veilig thuis
En daar spotten we de eerste baobabbomen. Zonder twijfel de mooiste bomen die er zijn. De boom die God ondersteboven plantte omdat zijn wortels mooier bleken te zijn dan zijn takken. Dat laatste kunnen we niet beoordelen omdat die natuur-

lijk onder de grond zitten. Met vaak een omvang van enkele meters, grillige takken en de pietepeuterige, groene blaadjes zijn het bomen die tot de verbeelding spreken. Bomen die als oude knarren in het landschap staan, die de Duitse overheersing hebben overleefd, die alles hebben gezien en alles hebben meegemaakt. Tegen de blauwe luchten weten deze heren op leeftijd dat ze allemaal prima tot hun recht komen. Een grote kudde koeien steekt de weg over en niet gehinderd door een snippertje kennis vind ik dat alle dieren er gezond uitzien. Het zijn niet van die magere dieren waarvan je de botten kunt tellen, maar stevige beesten.

En dan rijden we eindelijk Opuwo binnen - mijn favoriete stad in dit land - waar Jan direct doorrijdt naar het Kaokoland restaurant waar hij de auto voor de zaak parkeert. De perfecte plek, pal naast de OK-supermarkt. Het hart van de stad waar iedereen komt of ie nu wel of niet iets koopt. We lopen naar binnen en ik herken onmiddellijk de tafelkleedjes met afbeeldingen van kippen. Dan woon je in een land met de mooiste dieren die er zijn en kies je voor afbeeldingen van kippen, dat dacht ik toen en dat denk ik nu weer. Wat een mens zoal kan onthouden, daar kan ik me over blijven verbazen. We trakteren onszelf op een lunch. Jan bestelt een broodje kip en ik ga voor een broodje tonijn. Een schuimige cappuccino erbij en voor dit moment zijn er geen wensen meer. Terwijl we lekker eten komen de herinneringen als vanzelf bovendrijven. Een moeilijk lopend jongetje stort zich, ongevraagd, enthousiast met water en een trekker op de vuile ramen van onze auto. Hij lacht lief naar ons en weet natuurlijk dat ik hem straks zal betalen voor zijn werk. Werkplezier moet gestimuleerd en passend worden beloond.

*Lees er alles over in mijn eerste Namibië-boek *Overstekende Olifanten* heruitgegeven als *In Namibië*

Tussen Himba, Zemba en Herero

De Himba- en de Zemba-vrouwen lopen voorbij met hun plastic wasbakken vol armbanden losjes op het hoofd en kindje op de rug. Met ogen die alles zien, is er geen toerist veilig voor deze vrouwen. Er zijn amper toeristen en dus mogen wij ons verheugen in ieders belangstelling. Ik kan het de dames niet eens kwalijk nemen. Vanaf het terras heb ik zicht op alles en iedereen en de dames dus ook op mij. Herero-vrouwen in hun vele jurken, de Himba-vrouwen in hun rokken van geitenleer, hun haren zwaar van de klei-dreadlocks, alles passeert en het is bijna niet te geloven dat deze twee zo verschillend ogende mensen zo met elkaar zijn verwant. Ik sprak eens een Himba-meisje dat gekleed ging in wat wij gewone kleren noemen. Ik hoor het haar nog zeggen 'Ik ben nu Herero.' Dat kan dus blijkbaar; als de behoefte er is om letterlijk alles van je af te schudden om je vervolgens in westerse kleding te hullen en dan ben je zomaar een Herero-meisje ook al draag je niet de vele jurken maar een strakke spijkerbroek.
Ik weet nu al dat deze dagen in Opuwo en omgeving het hoogtepunt van deze reis zullen worden. Genieten met een hoofdletter. De Zemba-vrouwen zien er weer heel anders uit in hun vrolijke, katoenen rokken, strakke zwarte haren met stijve pony's en kralenkettingen in alle kleuren van de regenboog en meer, kleine kraaltjes die hun lichaam opsieren. Net als de Himba-vrouwen dragen de Zemba-vrouwen geen bovenkleding.

Er zijn hier verschillende banken waar we hopelijk geld kunnen pinnen. Overal staan lange rijen mensen. Ik sluit netjes aan, een beveiliger dirigeert me naar een andere rij. De mensen hebben allemaal veel tijd nodig om te pinnen.

Er wordt weinig geld uit de muur gehaald. Niet omdat er geen geld beschikaar is, maar omdat de mensen even wil kijken of er nog iets op staat. Ook is het een bewijs dat jij een bankpasje hebt en dat is al een bezit op zich. De bewaker haalt me op en plaatst me voor in de rij. Ga je gang, weet hij me duidelijk te maken. Met het nodige ongemak sta ik zomaar ineens vooraan. Niemand vindt het raar, er is geen verwijtende blik te zien. Het ongemak zit geheel aan mijn kant. Ik pin vlot twee keer tweeduizend dollar en bedank de mensen dat ik zo maar voor mocht gaan. We kunnen weer een poos vooruit.

Het Abba Guesthouse heeft nog wel een kamer voor ons. Het is een mooie, bescheiden accommodatie dicht bij het centrum. Het is er veilig, de auto kan er goed staan en zo kunnen we lopend het centrum in. Er is wel een camping bij de Country Lodge maar dat vinden we net te ver weg. De eigenaars van dit guesthouse, een echtpaar uit Zuid-Afrika zijn zeer gelovige christenen en brengen dat ook in de praktijk. Het wachtwoord voor de perfecte wifi is… Jesus.
'Ongeveer dertig jaar geleden zijn we vanuit Zuid-Afrika hier terecht gekomen. Lang voor de onafhankelijkheid van beide landen. Toen dat gebeurde moesten we een keuze maken. Wij hebben dus voor Namibië gekozen,' vertelt de vrouw die nog wat magerder en grijzer is dan vier jaar geleden toen we hier ook waren.
'Ik denk een goede keuze,' zeg ik.
Ze knikt bevestigend. Op haar arm houdt ze een van de vele katten die hier rond lopen en die het zo te zien uitstekend naar zijn zin heeft. Er hangt een fijne sfeer. Er staat een christelijke basisschool op het terrein. De kinderen hebben nu vakantie maar maandag is de school weer open. Op de schoolmuur zijn mooie afbeeldingen van de letters van het alfabet te zien. In plastic flessen en bakjes wordt van alles gekweekt.

Hier wordt duidelijk niks verspild. De waslijnen worden meer als kledingkast gebruikt, er hangt van alles door elkaar of is er nonchalant overheen gegooid. Onder het mom, niet schoon, niet fris, maar wel nat geweest hang ik Jan zijn uitgewassen korte broek tussen de kleding van de eigenaars.
In onze kamer twee lekkere bedden, een waterkoker met koffie en thee, een paar borden en bestek en zelfs een magnetron. Eigen sanitair en warm water uit de kraan. Alles sober en netjes maar ook geriefelijk. Ik maak koffie en we gaan helemaal blij op de houten stoelen voor onze kamer zitten.

We lopen naar het hek waar net een paar Zemba-vrouwen aan komen lopen die ons duidelijk weten te maken dat ze op de foto willen. De dames kennen de spelregels en gaan er eens goed voor staan. De jongste van de twee heeft een plastic bak met sprokkelhout op haar hoofd staan. De bak gaat snel van haar hoofd, ze pakt de ring van stof die haar hoofd moet beschermen, schudt wat met haar lichaam, frunnikt aan de vele kettingen die haar hals sieren en dan is ze klaar voor de foto. Hun lach laat mooie, witte tanden zien waar bij beide vrouwen de twee bovenste tanden bijgevijld zijn in de vorm van een driehoekje. Minstens tien armbanden om de polsen, kettingen van kleine kraaltjes - waar her en der kleine witte schelpjes aanhangen - om de hals en ook om hun middel zitten heel wat kettingen. Om de enkels brede, witte banden van hard plastic, waar afbeeldingen in zijn gekerfd. Een vrouw draagt hier al snel voor minimaal een pond aan sieraden aan en op het lijf behalve oorringen; daar doen de Zembavrouwen niet aan. Het is een explosie van kleuren. Ik vind het allemaal even prachtig staan op de donkere huid. Een katoenen lap nonchalant om de heupen geknoopt en met voeten die de kleur van het zand hebben aangenomen kijken de vrouwen ons zelfbewust aan. We maken een paar foto's waar de vrouwen goedkeurend naar kijken.

Opuwo heeft de sfeer van een grensstad, een stadje waar alles wat gerafeld is, waar meer mag dan op andere plekken, waar iedereen zichzelf kan zijn, of je nu gehuld bent in zeven jurken, een geitenlerenvelletje, een strakke spijkerbroek of in een luchtig zomerjurkje uit een winkel in Nederland.

Orumana

De bewaker ligt op een plastic stoel te slapen. Zijn hoofd hangt zo ver achterover dat ik voor de zekerheid twee keer kijk of er wel een hoofd aan zit. Gelukkig. De man slaapt in een houding die ik voor absoluut onmogelijk had gehouden. Hij hoort me niet lopen, hij ziet me niet het hek opendoen en ziet niet dat ik de poort uitloop. Niks mooier dan een Afrikaanse stad of dorp dat wakker wordt. De dag komt aarzelend op gang. Mannen, vrouwen en kinderen lopen met hun koopwaar op het hoofd en in de handen naar het centrum van de stad. Ook de kleine meisjes dragen al indrukwekkende stapels brandhout op hun hoofd. Ik hoop oprecht dat deze kinderen maandag, wanneer de voorjaarsvakantie voorbij is, weer naar school gaan. Er loopt een vrouw voorbij in een gele mini-jurk met een wollen ijsmuts op haar hoofd. Dat kan ook wel anders, heeft een andere vrouw gedacht; op haar hoofd ligt een grote zak suiker, terwijl een passerende man een deken om zich heen heeft geslagen. Ik geniet met volle teugen. Daarom is Opuwo voor mij dé plek waar ik zo graag ben, dé plek waar letterlijk op elke hoek iets te zien is.

Bij de Professional CarWash is nog geen auto te bekennen; de aarzelende ochtendzon laat het blikken gebouwtje glanzen. Ook bij de Opuwo Small Gift Market, waar de klant foto's kan laten afdrukken - deze zelfs kan laten lamineren en ook een overnachting behoort tot de mogelijkheden - zie ik geen enkel teken van leven. Zelfs slagerij Road House Butchery vindt het nog te vroeg om de deur te openen. Gelukkig is het Kaokoland restaurant wel open en na een lekkere cappuccino stappen we in de auto.

'Eerst even tanken, we hebben geen idee hoever we gaan rijden,' zegt Jan en kijkt me aan; hij weet dat ik niet graag wegga met een bijna lege tank.

Tanken is hier leuk om te doen, het is een klusje dat voor je wordt gedaan. Bij het grote Shell-station kunnen we met de creditcard betalen en staan de Himba- en Zemba-vrouwen al klaar met hun bakken vol sieraden en beschouwen elk wit gezicht als een wandelende portemonnee. De man gooit bijna honderd liter diesel in de tank. Wat een getal. Ondertussen worden de ramen vakkundig gezeemd en vinden twee Zemba-vrouwen dat ik best een paar armbanden kan kopen.

'Hebben jullie geen oorhangers, want die wil ik wel,' zeg ik. Oorhangers? Het is duidelijk dat ze dit maar een rare en bijna ongepaste vraag vinden. Ze graaien de handen vol met armbanden en duwen die onder mijn neus. Nou ja, als ik voor meer dan honderd euro kan tanken dan kan ik ook wel wat armbanden kopen. Dat we na mijn aankoop vriendinnen voor het leven zijn, is een fijne bijvangst en lachend nemen we afscheid. Dat ik nooit armbanden draag doet niet ter zake.

Jan draait de wagen richting het zuiden, naar Orumana, weer zo'n O-dorpje waar we nog niet eerder waren. Heerlijk, lekker een dagje toeren op het Afrikaanse platteland, waar trouwens niks plat aan is. Een vrouw loopt voorbij met een grote koelbox op haar hoofd; ze heeft er stevig de pas in. Het karkas van wat ooit een blauw bestelbusje is geweest staat half verroest in de berm; er zit geen onderdeel meer aan. Betonnen huisjes, geschilderd in zachte kleuren als groen, geel en roze, staan netjes op een eigen terrein. Alles is strak afgerasterd, iedereen zijn eigen stekkie. Tuinen daar doet men zo te zien niet aan; alleen wat groenige stengels, stiekels en boompjes die proberen er het beste van te maken. Voor de ramen hangt dikke vitrage en op sommige huizen zie ik een satellietschotel.

Ronde hutjes gemaakt van klei staan bij elkaar. Soms staan er tussen deze hutjes en naast de huizen kleine koepeltentjes waar Himba-mensen wonen, alles bedekt met een roestbruine waas. Deze westerse tentjes komen qua stijl en vormgeving perfect overeen met de ronde hutjes van klei en zand waar de meeste Himba-mensen in wonen. De moderne tijd weet ook deze wijk in Opuwo te bereiken: Himba-wonen 2.0.
Een man, zijn vrouw en hun zoontje zitten voor hun huisje van leem en stokken. Ze knikken uitnodigend en we lopen ernaartoe. De vrouw zittend op een steen, roert met een stok in een zwarte pan - het lijkt wel een oud blik - waar een stevige pap in borrelt. De man kijkt naar zijn vrouw, het jochie kijkt naar mij met grote, verbaasde ogen. Het is duidelijk dat hij niet weet wat hij van ons moet denken. Papa legt beschermend een arm om zijn schoudertjes. Het vierkante huisje heeft een puntdak van oud en vuil plastic. Twee stukken golfplaten vormen samen de deur. Maar het is hun huis, hun bezit en ze staan me vriendelijk toe om een paar foto's te maken. Op de omheining, gemaakt van stokken en takken hangt de was te drogen.

Elk dorp, elk gat, elk gehucht heeft op zijn minst wel een klein buurtwinkeltje of gebouwtje waar in grote letters Supermarket of Shop op staat. De namen zijn soms groter dan de winkel. De plaatselijke supermarkt in Orumana voldoet geheel aan mijn verwachtingen. Het gifgroen geverfde gebouw met hardblauwe deur valt onmiddellijk op. Jan parkeert de wagen voor het Orumana Shoping Center - is men de ene *p* vergeten of was de verf op - waar een man druk bezig is om het zand aan te harken. De deur van de bar, in hetzelfde gebouw staat wagenwijd open en een paar vrouwen zitten gezellig bij de ingang van het Shoping Center op de grond. Op de muren hangen grote affiches die allemaal reclame maken voor bier en andere alcoholische dranken. Ik loop de winkel naar binnen en koop koekjes en sap. Water?

'Dat wordt hiernaast in de bar verkocht,' zegt de kassadame. Ze stapt achter de kassa vandaan, hangt haar baby op de rug en loopt vervolgens met me mee naar de bar waar ik betaal voor twee grote flessen water. Ben ik nu de enige die het vreemd vindt dat gewoon drinkwater niet in de winkel maar in de bar wordt verkocht? Er staat een biljarttafel en aan de muur zie ik een jukebox hangen. Nooit eerder zag ik zo'n schoonheid van een jukebox. Een rode, halfronde kast met een rooster ervoor waarin cd's staan. De muziekkast is ongeveer zeventig centimeter hoog en een halve meter breed. In een rekje ernaast staan nog meer cd's. Geweldig! 'Superbase Jukebox' staat er op de kast. Ik kijk naar de cd's; alle artiesten zijn mij onbekend.

Er staan hier zelfs twee openbare toiletten, dat had ik dan weer niet verwacht. Aan de buitenkant zien de gebouwtjes er allemaal wat haveloos en krakkemikkig uit. Het meest haveloze gebouwtje ligt vol met lege flessen. Op de muur een afbeelding van een vrouw in korte rok, de mannenafdeling is herkenbaar aan een man strak in het pak, hoed op zijn hoofd en een aktetas onder zijn ene arm. Een afbeelding die op geen enkele manier overeenkomt met de mannen die ik in deze omgeving heb gezien. Het nog in gebruik zijnde toilet doet niet zo ingewikkeld. Op de grauwwitte muur staat in grote letters MAN en WOMAN geschilderd. Aan de gebroken picknicktafel, die mooi rondom een boom is gemaakt, stal ik onze drankjes en de koekjes uit. De dames die hier rondhangen lusten ook wel een koekje en zonder enige gêne pakt iedereen er twee, waarom ook niet?

De termietenheuvels die we hier veel zien zijn groot, erg groot. De grond heeft hier een stopverfachtige kleur dus deze termietenheuvels ook. Ze staan als opzichtige en niet te missen fallussymbolen in het landschap. Jan parkeert de auto naast zo'n reuzenpiemel. De heuvel steekt nog wel een meter boven de wagen uit.

De wereld is eindeloos, de luchten blijven blauw en auto's liggen te roesten in het landschap. Drie wagens zijn hier gestrand; het lijkt alsof iemand ze hier zo heeft neergelegd om de lange wegen wat op te fleuren. De schoonheid van verval. Een klein kerkhofje laat ons weer stoppen. Zo maar een paar graven. Misschien zijn ze hier omgekomen? Misschien waren het de inzittenden van de drie autowrakken? De natuur heeft de graven al in zijn greep.

Er komen vier vrouwen aan lopen. De jongste vrouw, modern gekleed in een vlotte, gebloemde broek, strak zwart topje, haar in een knot, een mond vol stralende tanden en een brede lach op haar knappe gezicht komt zelfverzekerd naar ons toelopen. De Herero-vrouw in het gezelschap trekt als vanzelf mijn aandacht.

'Wat denk je? Zou ik een foto van haar mogen maken?' vraag ik aan de moderne meid die Engels spreekt.

'Natuurlijk mag dat. Dat is mijn tante, dat vindt ze zeker goed,' zegt ze.

Tante komt dichterbij lopen, tante luistert naar nicht en poseert graag. Op haar hoofd een geel met blauwe hoed, die wat kleuren betreft helemaal niet bij haar paars met witte jurk past. Toch weet ze er geweldig uit te zien. De twee vrouwen gaan naast elkaar staan.

'Nu moet je ook een foto van de andere vrouwen maken,' gebiedt ze mij.

Vrouw nummer drie en vier komen erbij staan. De jongste vrouw, een stevige meid met een kapsel van kleine vlechtjes, strak zwart truitje en een geblokte rok, gaat naast tante staan. Vrouw nummer vier - een opvallend magere vrouw - is gekleed in een badjas waar kleine hartjes op staan. Een sjaal is als een tulband om haar hoofd gewikkeld. Hoe komt een vrouw hier aan een badjas? Ik denk dat ze zelf geen idee heeft wat voor kledingstuk dit is. Voor haar is het waarschijnlijk een mooie jurk; ze weet het met de nodige flair te dragen.

Tante in het midden, de twee anderen ernaast, dit hebben ze volgens mij vaker gedaan. Nicht knikt goedkeurend.

'Nu kun je een foto maken,' lacht ze.

Ik ben net als haar tante en doe netjes wat ze me vraagt. Nee, is duidelijk geen optie en maak een foto die de goedkeuring van álle vier de vrouwen krijgt.

'Kom, kom, we willen nu op de foto met jou,' zegt nicht en pakt me kordaat bij de arm.

De vier vrouwen draperen zich om me heen, Jan knikt, luistert ook braaf naar nicht, maakt een paar foto's en dan pas is iedereen tevreden. Jan trakteert de dames op een koekje als bedankje voor de foto's.

Naar de supermarkt

Boodschappen doen in het buitenland vinden we beiden leuk. Opuwo heeft een paar zeer goedgevulde supermarkten waar werkelijk van alles te koop is. Alle winkels zijn open en het is overal gezellig druk. De vrouwen kletsen met elkaar en zitten heel relaxed op het harde, stenen voetpad als was het een luxe bank. Stoepen en voetpaden zijn om op te zitten, wie er toch op wil lopen moet maar even uitkijken. Duidelijk!

De kapperszaken, Bar-Ber Shops, zonder uitzondering allemaal kleine zaakjes van golfplaten, hebben hun deuren wijd openstaan. De afbeeldingen die op de golfplatenmuren zijn geschilderd beloven moderne en flitsende kapsels.

Kleden liggen op de grond waar van alles op ligt dat wordt verkocht. Vooral tweedehands kleren zijn populair. Op stukken plastic liggen kleine stapeltjes rode balletjes als kiezelsteentjes bij elkaar. Het is *otjize*; een mengsel van geitenvet, kruiden en oker dat de Himba-vrouwen gebruiken om zichzelf mee in te smeren. Aangezien iedereen hetzelfde 'merk' gebruikt, hebben alle Himba-vrouwen dezelfde okerbruine kleur. Het beschermt de vrouwen tegen de zon en zorgt voor een gladde, egale huid. Het zijn alleen de vrouwen die dit doen.

Onder vaak opgelapte parasols zoeken de mensen een beetje schaduw. Afvaltonnen puilen uit. Een jonge vrouw in een strakke mini-jurk komt eraan lopen, op haar hoofd een wollen ijsmuts. Himba- en Zemba-mannen lopen voorbij, de meeste hebben een stok in hun hand. Drie Zemba-meisjes, om hun heupen een katoenen lap die als rok dienst doet, kleine kralenkettingen door het zwarte haar gevlochten, lopen giechelend langs ons heen. Op elk hoofd een enorme plastic emmer. Of er nu wel of niet iets in zit, maakt niet uit, ik vind het bewonderenswaardig.

Het genieten begint al bij de ingang, waar een beveiliger staat die me minzaam toestaat om mijn schoudertasje mee te nemen naar binnen. Grote boodschappentassen moeten ingeleverd worden en kunnen later weer opgehaald worden. Personeel loopt overal en wil alles voor de klant doen. Je fruit wordt voor je afgewogen en in de kar gelegd. Je aandacht laten verslappen is er echter niet bij, want winkelen in deze supermarkt vergt alle concentratie van de klant. De Himba- en de Zemba-vrouwen - hun Herero-zussen zijn toch wat bescheidener - lopen zogenaamd nonchalant door de gangen op en neer, terwijl hun ogen alles zien. De vrouwen lopen door de winkel, pakken producten die ze graag willen hebben, en dat is zo'n beetje alles, en proberen dat achteloos in jouw karretje te leggen in de hoop dat jij dat voor haar wilt betalen. Alle vrouwen hebben honger, alle baby's die op de rug hangen zijn afhankelijk van jouw gulheid. Alle vrouwen kijken zielig en zien er toch allemaal gezond en weldoorvoed uit. Baby's liggen met bolle wangetjes te slapen op de rug van mama.

'Voor mijn baby,' zegt een kleurige Zemba-vrouw en legt een literfles, gele vla in mijn wagen en kijkt me uitdagend aan.

'Volgens mij eten baby's geen vla,' lach ik en geef haar de fles terug.

Ze kijkt betrapt alsof ze zelf ook wel in de gaten heeft dat dit geen handige zet was en moet er ook wel om lachen. Eerlijk gezegd ben ik drukker met kijken en foto's maken van de klanten dan dat ik gericht op zoek ga naar de dingen de we graag willen hebben. Een Himba-vrouw die twijfelt welke suiker ze zal kopen en alle tijd neemt om het aanbod te bekijken is vele malen leuker dan op zoek te gaan naar een pakje vleeswaren. Ze heeft haar keuze gemaakt en ergens uit haar roestbruine geitenvellenkleding haalt ze geld tevoorschijn dat de kleur van haar lijf en kleding heeft aangenomen en er ongetwijfeld ook naar zal ruiken.

Ik loop traag en foto's makend door de winkel. Ook de verpakkingen zijn vaak een foto waard. *Pure Meme Mahangu Meal the strenght of Africa; pure mahangu meal.* Of een pak meel waar op het etiket staat *Namib meal voor de dagelijkse Braaipap, fresh from the mill* in handige pakken van 2,5 kilo. Suiker komt ook van de Namib mills lees ik op de verpakking. Het klinkt net allemaal wat leuker dan pannenkoekmeel van Koopmans of pap van Brinta.
Opuwo bedient een heel groot gebied en veel mensen die in deze regio wonen komen hier hun voorraden inslaan. De keuze en de voorraden zijn erg groot.
Een Himba-meisje staat voor de koeling en kijkt naar alle verschillende soorten yoghurt, puddings, voorverpakte kazen en melk. Zou ze dit ooit gegeten hebben? Zou ze het kopen? Terwijl ik rondloop, de spullen pak die ik nodig heb, klinkt uit de luidspreker de stem van Jeangu Macrooy die zingt over the *Birth of a New Age.* Het dringt eerst helemaal niet goed tot me door dat hij het is. Het maakt ons winkeluitstapje nog bijzonderder, bijna surrealistisch en ik loop met onze boodschappen naar de kassa. Dat is altijd even uitkijken, mensen pakken hun wagentje leeg en laten die staan waar die staat. Even meenemen en op de juiste plek zetten? Geen onwil, maar het komt gewoon niet in de mensen op. Waarom zou je ook? Daar is iemand voor aangenomen.
Kinderen die al rennend en spelend door de winkel lopen worden, wanneer ze de winkel uitlopen, allemaal gecontroleerd of ze niet per ongeluk iets meegenomen hebben. De bewaker kijkt alle kassabonnen na en inspecteert snel even de tassen. Het is absoluut ondoenlijk om alles te controleren dan zou iedereen alles weer uit moeten pakken. Het heeft een preventieve functie en iemand heeft een baan. Meestal denk ik er niet aan en moet ik op zoek naar een verfrommeld kassabonnetje dat ik iedere keer weer onbewust ergens in heb gestopt. Gelukkig heeft niemand haast in Namibië.

Als vanzelf belanden we weer op het terras van Kaokoland. Voor het restaurant heeft iemand zijn wagen met aanhanger geparkeerd. In de aanhanger staat een grote koe geduldig te wachten totdat de boer weg zal rijden.
'Zie je dat?' knikt Jan. 'Let maar eens op; elke man die voorbij loopt stopt even om naar de koe te kijken voordat hij weer verder loopt.'
Jan heeft gelijk. Het was me niet opgevallen, maar inderdaad, elke man stopt even. Leuk! Dat zou mijn vader, een echte veeliefhebber, ook gedaan hebben. Een stil bewijs hoe belangrijk de dieren voor de mannen zijn.

De watervallen van Epupa

De weg naar de watervallen van Epupa loopt dwars door het land van de Himba, dwars door Kaokaland. Het gebrek aan asfalt wordt gecompenseerd met een overdaad aan verkeersborden; de meeste totaal overbodig. Maar goed, zo krijg ik wel de indruk dat men de boel onderhoudt en dat is ook wat waard. Terwijl de mensen vanuit hun dorpjes naar Opuwo lopen, rijden wij de stad uit door de dorpjes. Het gewone platteland, waar de mensen lopend van A naar B gaan. Wie iets kan betalen stapt achter in een bakkie dat als een soort van openbaar vervoer fungeert. Als je mazzel hebt mag je voorin zitten. De Himba-vrouwen zitten meestal met hun kinderen, achterin. Mits je als eigenaar er geen problemen mee hebt dat de stoelen een rode kleur krijgen. Op alles wat deze vrouwen aanraken, waar ze op zitten of tegenaan lopen, laten ze een spoor achter.
Straatnamen zijn hier niet gemaakt om uit te spreken dus maak ik er maar een foto van. Wie kan nu *Mbumbijazo Muharukua AVE.* foutloos uitspreken? Als liefhebber van mooie woorden, afwijkende woorden, gekke teksten en vreemde vertalingen, valt me dit soort dingen altijd op.
One Sixty-6 WhatsApp Bar staat er op de steenrode muur van een café in nette letters geschilderd. Zo maar in het midden van het grote niets. Ik zie geen huisjes, geen hutjes, wel wat lopende mensen en dan zo maar een bar, netjes in de verf met een bankje naast de ingang. Op de muur een grote afbeelding van het bekende groene app-logo. De deur is gesloten.
De omgeving lijkt bij vlagen wel drie-vierdimensionaal. De weg lijkt iedere keer op te lossen in het luchtledige en bovenop een heuvel moet je er maar blindelings op vertrouwen dat de weg er wel is en dat je niet met auto en al van de weg afdondert. Gezien de grote voorliefde voor het plaatsen van

verkeersborden van de Namibische verkeersdienst had er vast wel een bord gestaan als de weg was verdwenen, denk ik, terwijl de kilometers verdwijnen onder de dikke banden.

Een paar graven aan de kant van de weg laten ons even stoppen. Dikke stenen zijn op de graven gestapeld en boven één graf is een groen, metalen afdakje. Op de verroeste bordjes zijn geen namen meer te lezen. Opgelost in de tijd en door de seizoenen opgenomen: terug naar de natuur.
Een roze met groen geverfde shebeen staat opvallend aan de kant van de weg. Alle ramen en deuren zijn gesloten. Er staan een paar hutjes in de buurt; er is niemand te bekennen. Op de muren van de Celsius Pre-school in Okondaurie staan twee bomen op de zijmuur geschilderd. Het gebouw ziet er punt-gaaf en nieuw uit en staat net zo eenzaam in het landschap als de shebeen. Op afstand zie ik het toilet staan. Op de voorkant van het gebouw een paar eenvoudige afbeeldingen van kinderen met een ballon in de hand. Eén kindje is afgebeeld met een jurkje waar de Australische vlag op staat. Zou de school een donatie van Australië zijn?
Een oude Himba-vrouw, stok in de hand, beduidt ons om te stoppen. Achter haar lopen een aantal geiten, oma is aan het oppassen. Nu wil zo'n beetje iedereen die we passeren of tegenkomen dat we stoppen, maar zij is oud, rimpelig en oogt kwetsbaar: wij stoppen. Ze wil op de foto, zonder voorwaarden, zonder eisen, ze wil gewoon graag op de foto. Ik weet haar duidelijk te maken dat ik haar dan graag een grote fles water wil geven. Ze straalt, dat pakt ze graag aan mits wij nog een foto van haar maken. De foto's bekijkt ze met trots en lachend gaan we weer verder.
Een grote kudde geiten steekt de weg over en dwingt ons zo om te stoppen. Geiten hebben altijd voorrang - wat de ver-keersborden ook aan mogen geven - en dan is de geitenhoe-der vast niet ver uit de buurt. De geitenhoeder is nog maar een jochie van hooguit tien jaar en komt naar ons toelopen.

Wij praten met elkaar, we horen elkaar, maar begrijpen geen letter van wat we tegen elkaar zeggen.

Bij de Back of the Moonshebeen parkeren we de auto. Deze zaak is wel open, ik koop koekjes en wat bier dat in de koelkast gaat. Er staat een soort van picknicktafel met een bankje gemaakt van een oude vangrail waar we prima op kunnen zitten. Iets verderop staat weer een openbaar toilet. Een keurig, rood gebouwtje met een toilet voor de vrouwen en een voor de mannen. Ik heb in dit land nu al meer openbare toiletten gezien dan mijn hele leven in Nederland.

Ik pak onze spullen en maak koffie. Er komen onmiddellijk twee vrouwen aan lopen. Een grote forse vrouw, gekleed in het roze met een muts op haar hoofd en een magere Herero-vrouw met de bekende hoed.

'Maak een foto van mij,' gebiedt de Herero-vrouw en kijkt naar mij. 'Ik wil dat je één foto van mij maakt en niet meer,' komt er achteraan.

We doen wat ons wordt bevolen en ik geef de dames een koekje.

'Geef me ook je schoenen,' zegt de stevige vrouw.

'Waarom zou ik dat doen?' lach ik.

'Ik heb geen schoenen,' klinkt het helder en duidelijk.

'Wat heb je nu dan aan je voeten? En wat moet ik dan? Dan heb ik zelf niks,' zeg ik even helder en duidelijk.

Tegen zo veel logica is ze niet bestand en ze moet er zelf om lachen. De Herero-vrouw bemoeit zich niet met het gesprek.

Bij het verkeersbord slaan we rechtsaf naar Okongwati en Epupa Falls en stoppen bij een klein dorpje. Op een krom stuk metaal heeft iemand met witte verf de naam van het dorpje, gehucht kan ik beter zeggen, geschreven. Omunbarela: koda en de rest is niet meer te lezen. Kinderen komen op blote voeten aanlopen en kijken ons met onverholen belangstelling aan. De meisjes dragen veel kralen en sommige meiden hebben om hun middel een strakke band van hard plastic.

Twee harde vlechten hangen over het voorhoofd. Alle kinderen dragen alleen een rok of een katoenen lap om de heupen. Veel kinderen hebben een navelbreukje, in de vorm van een dikke knoop. Het schijnt hen niet te deren en het zal sowieso geen mens opvallen. Voor zover ik het kan beoordelen zien ze er gezond uit met mooie witte tanden en lachen ze vriendelijk naar ons. Het is puur, het is Afrika op zijn mooist. De kinderen genieten van ons zoals wij van de kinderen genieten.

Himba-dorpjes blijven oppoppen in het landschap. Eenvoudige huisjes met daken en een deur van golfplaten. Een groot gedenkteken met een kruis erop laat ons stoppen. Dit zien we hier niet vaak. Drie betonnen blokken op elkaar gestapeld, waar bovenop een rood geverfde pilaar staat met een ster waar weer kruis op staat. Er staat een hele lap tekst op het onderste blok waar we niks van begrijpen. Een omheining van stokken met metaaldraad moet het monument beschermen. Op een granieten plaat lees ik dat het een liefdevolle herinnering is aan Chief H. Tjipkita die op 21 november 2010 is overleden. Duidelijk een belangrijk man.

We stoppen in weer een ander dorpje voor een winkel waar Himba Craft wordt verkocht en waar Maria Tjirora Ketjijere onder de naam Heroes Tailoring Project kleding maakt. Maria heeft waarschijnlijk andere bezigheden; de winkels zijn beide gesloten.

Een knappe, jonge vrouw, strakke, zwarte spijkerbroek, ingevlochten haar en een zelfverzekerde lach op haar gezicht, verkoopt *fat cakes* voor de ingang van de plaatselijke supermarkt.

'Omdat je van te veel van deze ballen vet wordt,' lacht ze als ik vraag waarom deze ballen zo heten.

Ze zien er net zo uit zien als onze Hollandse oliebollen.

'In Nederland, waar wij vandaan komen, eten we deze bollen op de laatste dag van het jaar,' leg ik uit en koop er een paar.

Ze geeft me een vork, zodat ik ze zelf kan uitzoeken. Andere naam, dezelfde smaak. Ik vind ze heerlijk. De vrouw praat perfect Engels. Op een rooster bakt ze vis en geitenvlees. Wat al klaar is wordt bewaard in goed afgedekte schalen. Kruiden staan ernaast. Alles ziet er netjes en verzorgd uit. Op een krat staat een emmer gevuld met water met een kraantje waar ik mijn vette handen kan wassen. Het water wordt weer opgevangen. Niks word verspild, water neemt men serieus. Met een grote lach nemen we afscheid van elkaar

Een majestueuze baobabboom is goed voor een fotostop. De boom staat onaantastbaar in het landschap. De huisjes van de Himba-mensen staan als reuzen molshopen in het landschap. Veel gemeenschappen liggen er verlaten bij. Sommige hutten zijn half ingestort terwijl andere hutten de opening afgeschermd hebben met takken of een golfplaat. Alsof men er even tussenuit is en zo weer terugkomt. Een aantal hutten hebben muren van takken en een dak van leem; dit zijn de voorraadschuurtjes. Soms denken we dat het echt verlaten is. We stoppen om alles wat beter te kunnen bekijken en dan ineens komen de kinderen eraan gerend zo gauw ze ons zien. Terwijl wij overtuigd waren dat het hele dorpje verlaten was. Als er iets is dat me elke keer kan verbazen dan is het, dat waar je ook bent in Afrika, er altijd wel iemand is - en dan bedoel ik echt altijd - die jou ziet en dan als een duveltje uit een doosje ineens tevoorschijn komt.

Een geitenhoeder komt eraan lopen. Met een stok dirigeert hij geiten in de juiste richting terwijl hij met zijn andere hand een indrukwekkende lading bagage op zijn schouder in evenwicht weet te houden.

'Staat daar nu een vliegtuig?' hoor ik mezelf vragen en wijs naar links.

Er is geen mens te bekennen; het staat er moederziel alleen bij een zo op het eerste gezicht weer een verlaten dorp.

'Ga er maar zo dicht mogelijk bij staan dan maak ik een paar foto's. Wanneer krijgt een mens nu de kans om een foto te maken van de auto pal naast een vliegtuig,' zeg ik.
Jan rijdt ernaartoe en zo kunnen we zien dat het een Cessna 208-vliegtuigje is die er zo op het eerste oog prima uitziet. Jan manoeuvreert de wagen zo dat we een paar topfoto's kunnen maken. Bizar, een paar minuten geleden maakte ik foto's van in elkaar gestorte Himba-hutjes en nu maak ik foto's van een modern vliegtuig. Zoals zo vaak laat de werkelijkheid zich niet verzinnen.

De Epupa Falls Lodge and Campsite heeft nog lege plekken in overvloed. Ook staan er huisjes op palen die gehuurd kunnen worden. Er staan een paar auto's en tenten. Wij krijgen een kampeerplek dicht bij het restaurant toegewezen. Prima, zo profiteren we ook van het licht. Altijd even goed kijken voor de juiste plek om de auto te parkeren. Soms denken we dat de auto perfect staat maar dan, o ja, de daktent moet nog opengeklapt worden, het trapje moet stevig staan en ook het 'loket' moet aan die kant staan waar we ons zitje hebben gemaakt. Alles is ook hier weer schoon en netjes, voldoende ruimte, een aanrecht en een plek waar een vuurtje gemaakt kan worden. Jan klapt de daktent open, richt de slaapkamer in en ik maak onze lunch klaar.
We staan achter een hoge rietkraag die ons het zicht op buurland Angola ietwat belemmert. Gelukkig laat het donderende geluid van de Epupa-watervallen zich niet tegenhouden door een rietkraag. De watervallen razen en donderen, net alsof ze altijd boos zijn, erg boos. Het is een machtig geluid bij een machtig gezicht. Het water knalt met ongekende snelheid en kracht op de rotsen die in het water liggen. Op sommige plekken valt het water ruim 35 meter naar beneden. Boomstammen worden als lucifershoutjes opgetild door het water en drijven verder. Ook groeit er van alles in het water; blijkbaar hebben de wortels toch houvast gevonden.

De zon speelt met het opspattende water en kleurt het water in verschillende rode tinten. Niks zo hard en zacht als water zegt Jan vaak. Hij heeft zijn hele leven in de zwembadwereld gewerkt en kent de aantrekkingskracht maar ook de gevaren van water als geen ander. Al dat water zorgt voor een mooie, frisse, groene omgeving. Aan water is hier geen gebrek en ik denk aan die leuke vrouw waar ik de fat cakes heb gekocht die zelfs het vuile water nog opving zodat er geen druppeltje verloren ging. Er is hier een zwembad waar we heerlijk in afkoelen. Ik blijf het altijd indrukwekkend vinden wat er, na uren rijden over dirtroads, langs traditioneel levende mensen, aan het einde van de weg aan luxe te vinden is. Dit is weer zo'n plek waar alles te vinden is wat reizigers graag willen vinden. Dan denk ik eraan hoe alles hier is gekomen, hoe het is gemaakt en gebouwd. We staan tussen en onder de palmbomen, slapen in een auto die werkelijk alles heeft en de goede wifi zorgt ervoor dat ik met de hele buitenwereld verbonden ben. Ik verstuur zonder problemen foto's en berichtjes naar mijn familie en vrienden. Jan lacht me altijd uit, maar ik blijf het een wonder van techniek vinden dat ik zo maar met een paar handelingen binnen een paar tellen een berichtje naar Nederland kan sturen en binnen een paar tellen weer van alles terugkrijg.

Er is een restaurant waar we heerlijk kunnen eten, douches met warm water en toiletten die perfect doorspoelen. Dit is een plek voor een stroopwafel en ik haal het pakje tevoorschijn.

Er komt een klein meisje aanlopen om naar ons te kijken. In een draagdoek op haar buik draagt ze een wit, plastic popje. Ze houdt het zorgvuldig vast en kijkt met grote ogen naar ons. Misschien mocht ze vandaag met haar moeder mee naar het werk?

Langs de Kunene-rivier

Vandaag gaat er een langgekoesterde wens van Jan in vervulling: rijden langs een deel van de de ruim twaalfhonderd kilometerlange Kunene-rivier die de grens vormt tussen Namibië en Angola. Kunene, een woord uit de Herero-taal dat vallend water betekent. De rivier die deze twee landen van elkaar gescheiden houdt. Jarenlang gleed Jan regelmatig met zijn vinger over deze streep water op de kaart van Namibië. Een streep dwars door Himba-land waar de mensen nog half nomadisch leven. Wanneer dromen en wensen op het punt staan uit te komen dan is een goede start van de dag belangrijk. We genieten van een superlekker ontbijt in het restaurant. Er is keuze uit verschillende soorten yoghurt en fruit en ja hoor, twee gebakken eitjes op toast lusten we ook wel en ik denk aan mijn drie beschuitjes die ik thuis elke dag eet. Alles wordt smaakvol geserveerd en smaakt uitstekend.

De auto in topconditie, wij zijn topfit en met een goed gevulde maag zijn we er helemaal klaar voor: Jan rijdt de weg op.
'Weet je zeker dat dit de goede weg is?' vraag ik wanneer we keuze hebben uit twee wegen en er geen bord te zien is.
'Ik denk het wel,' klinkt het naast me.
Dat vind ik niet voldoende, Jan draait de wagen, vraagt de weg en rijdt nu de andere kant uit.
'Dus toch wel even verstandig om te vragen,' kan ik niet nalaten om te zeggen.
'Mmm,' lacht Jan als even later beide wegen zich samen voegen.
Wat een betoverende wereld van groen. Van stromend water aan de linkerkant waar dus zo maar Angola ligt en van een weg die soms in het ledige verdwijnt om altijd tevoorschijn te komen als we boven op de heuvel staan. Een weg die altijd

weer naar beneden gaat. Zand en steentjes wisselen elkaar af. Dikke keien, afgebroken takken en palmbladen liggen op de weg. Alsof een reuzenhand kwistig aan het strooien is geweest. Deze weg is een paar jaar geleden goed onder handen genomen en is met een auto zoals wij die nu hebben prima te doen. Met een gewone personenauto zou de reiziger ver komen maar toch constant met toegeknepen billen reizen, het zou de spanning verhogen maar het plezier beslist negatief beïnvloeden. Jan geniet met volle teugen van elke kilometer, we zwaaien naar elke passant en zitten als twee blije mensen in de wagen. Een groot bord, in de vorm van een bierflesje, met de tekst *slow down ice cold beer* belooft de reiziger een koud pilsje op Camp Cornie. Waar bier is, is vast ook koffie. Het ligt zo goed als aan de weg, Jan rijdt de afslag in.
'Jazeker hebben we koffie. Koffie is van het huis. Geniet ervan,' zegt de man die tijdelijk de zaak waarneemt. 'De eigenaar moest een paar weken weg en nu pas ik hier op.'
Het ziet er gezellig, informeel en sfeervol uit. Er kan hier gekampeerd worden of overnacht in een compleet ingerichte tent. Het is de plek om te vissen, want naast de krokodillen die ook in dit water huizen, leven er meer dan vijftig verschillende soorten vis in deze rivier. Kanoën op de Kunene-rivier? Het kan hier allemaal. Ook de vogelliefhebber komt hier aan zijn trekken. Jan kijkt al rond, altijd op zoek naar dat ene mooie vogeltje. Een plek om te onthouden.
'Mochten we hier ooit nog eens weer komen dan gaan we hier overnachten,' zeggen we tegen elkaar.
Er komt een jonge vrouw bij me staan en we raken al snel aan de praat.
'Deze reis was al jarenlang een grote droom van mij. Nu reis ik samen met mijn man die hier een aantal weken voor zijn werk moet zijn. We reizen samen met een bevriend echtpaar. We gaan zo een Himba-dorpje bezoeken,' vertelt ze.
'Dat zullen jullie zeker geweldig vinden. Jouw mooie rode haar past precies bij de Himba,' zeg ik.

'Ik had vroeger lang, blond haar. Maar na jaren van chemo kreeg ik krullen en deze rode kleur,' reageert ze met een antwoord dat ik niet had verwacht.

Ze is zichtbaar blij om hier te zijn. We wensen elkaar een goede reis toe, drinken onze koffie op, bedanken voor de gastvrijheid en vervolgen ons reisje langs de Kunene, maar niet voordat ik een foto heb gemaakt van onze koffiebekers. De laatste jaren maak ik foto's van alle bekers, kopjes, of waar we de koffie ook maar in krijgen en dat levert een even mooie als wonderlijke verzameling op.

Bij de auto loopt een jonge Zemba-moeder. Vol trots laat ze haar baby aan ons zien die we moeiteloos bewonderen. Het jochie met een hemdje aan waaronder ik een ketting om zijn halsje zie, kijkt ons met een verbaasde blik aan. Mam heeft een kort, stoffig kapsel met op haar hoofd twee vlechtjes die boven haar neus samenkomen. Wat moet dat een gekriebel zijn. Achter hen staan zonnepanelen in de zon te blinken, een generator zorgt voor elektriciteit en een satellietschotel vangt de signalen op; de contrasten zijn weer groot.

We rijden langs verlaten Himba-dorpjes waar alles is ingestort of bijna is ingestort; hier woont echt niemand. Aangezien alles is gemaakt van wat de aarde deze mensen heeft gegeven, zal het uiteindelijk allemaal weer oplossen in de natuur. Ooit zal niets meer herinneren aan de mensen die hier hebben gewoond.

Een stok in de grond waar kalebassen aan hangen, kondigt een verkoopster aan. Een oudere Himba-vrouw zit op de grond, souvenirs voor zich uitgestald. Veel kalebassen en sieraden die de Himba-mensen mooi staan en die, wanneer ik ze zou dragen, voor opgetrokken wenkbrauwen zouden zorgen. Er rijdt hier bijna niemand die iets zou kunnen kopen. Ook wij kopen niets maar iets weggeven kan natuurlijk altijd. Jan pakt een grote fles water uit de auto die graag wordt aangenomen.

En dan die mensen die zo maar ineens aan de kant van de weg lopen. Waar ga je heen? Hoeveel kilometer ga je vandaag lopen? Doe je dit uit vrije wil? Heeft iemand je gestuurd? Vind je het leuk? Vragen zonder antwoorden. Ze zouden mijn vragen niet begrijpen en ik zou me denk ik verbazen over de antwoorden.

Geiten worden gehoed en koeien steken slungelig en slordig de weg over. En dan pats boem, een troep apen springt vanuit de bosjes aan de rechterkant van de weg ineens de weg over. Het zijn geen bavianen, daar zijn ze te klein voor. Baby-aapjes bungelen losjes op de rug van mama-aap mee. Te ver weg en te snel om een foto te maken.

'Vervetapen,' concludeert Jan die meer verstand van apen heeft dan ik.

De zogenaamde aap met de blauwe ballen. Maar een aap is en blijft een aap en we kijken ze na wanneer ze even snel verdwijnen als ze tevoorschijn kwamen. Ook al draagt een aap een gouden ring, het is en blijft een lelijk ding, zei mijn moeder altijd als iemand zich beter voordeed dan ie was, of te mooi gekleed ging om zo iets te verhullen.

'Hier zet ik de 4x4 aan,' zegt Jan met een brede grijns op zijn gezicht als er een stuk komt vol met dikke stenen.

Ik weet dat hij hier stiekem op had gehoopt. Hij voegt de daad bij het woord. De auto tuft tevreden naar boven en ik zit tevreden naast een breedlachende man. Na een rit van uren waarin we amper honderd kilometer hebben afgelegd en welgeteld zeven andere auto's hebben gezien, draaien we het terrein van de Kunene River Lodge op, waar behalve een paar werknemers niemand te zien is. Veel perken met bloeiende planten en een metalen flamingo-echtpaar dat zo te zien de wacht houdt. De toegangspoort staat open, grote rieten vazen staan wat scheef bij de ingang en we lopen naar binnen.

'Als het lukt neem dan plek nummer tien. Een mooie, grote plek met gras,' tipte ons de buurman op de Kunene-camping. Plek tien is beschikbaar en zoals we inmiddels zijn gewend ziet alles er hier weer verzorgd en schoon uit. Er is elektriciteit, een schoon sanitairgebouw en voor een paar euro internet op onze telefoons. Groen, groener, groenst. Waaierpalmbomen staan tussen bananenbomen; samen zorgen ze zo voor een natuurlijke afscheiding tussen de royale kampeerplekken. We klappen de tafel en de stoelen uit op het zachte gras, koffiespullen op tafel en kijkend naar de rivier en al het tropische groen dat ons aan alle kanten omringt voelen we ons direct thuis. In een van de bomen is een stopcontact aangebracht; die kenden we nog niet. We knikken vriendelijk naar onze nieuwe buren die zo te horen uit Zuid-Afrika komen.

Het overdekte, grote terras, de *lapa*, is een plek om uren te zitten. Het hangt half over het water. Er zijn harde, houten stoelen - waar elk land in Afrika een enorme voorliefde voor heeft - maar ook geriefelijke rotanstoelen met zachte kussentjes. De perfecte plek om mijn aantekeningen bij te werken. Jan pakt zijn camera en gaat het terrein verder verkennen. Hem kennende valt er altijd wel wat te fotograferen. Enige luxe na urenlang stuiteren over de dirtroads wordt door ons zeer gewaardeerd en ik zoek een rustig plekje op. Het personeel dekt geruisloos de tafel voor een groot gezelschap.
'Dit moet je zien,' zegt Jan die eraan komt lopen. 'Daar aan de overkant van de rivier ligt een krokodil met een geit in zijn bek. De geit is volgens mij wel dood want het dier ziet er akelig opgeblazen uit.'
Oké. Dat wil ik toch wel met eigen ogen zien. Met behulp van de telelens op zijn camera lukt het Jan om een paar redelijke foto's te maken. Ik zie duidelijk een krokodil die iets enorms, iets wittigs, half uit zijn bek heeft hangen. Onze buurman komt bij ons staan en bevestigt wat Jan vermoedde.
'De krokodil heeft nu een probleem. De geit is te groot om zomaar ineens op te eten. Als ie nu zijn bek opendoet bestaat de kans dat de geit uit zijn bek valt en voordat ie hem dan weer te pakken heeft. Dat wordt lastig. Waarschijnlijk ligt het

beest hier al een hele poos met die geit in zijn bek,' zegt onze buurman.

Ik geloof hem direct. Hij heeft vast en zeker meer verstand van geitetende krokodillen dan wij. Het blijft iets dat ik zowel fascinerend als afgrijselijk vindt. Zoals altijd overwinnen mijn fascinatie en mijn nieuwsgierigheid het en bekijk ik de foto's die Jan heeft gemaakt nog een keer.

Jij moet de enige zijn ...

'We gaan naar Opuwo, dat vind ik zo'n geweldige stad,' antwoord ik op de vraag van de Namibische vrouw.
We staan naast elkaar in het toiletgebouw en wassen onze handen.
'Dat stoffige stadje,' komt er misprijzend achteraan.
'Waar gaan jullie nu heen?' vraagt de manager wanneer ik onze overnachting betaal.
'Naar Opuwo, dat vinden we beiden de mooiste stad van het land,' zeg ik.
'Meen je dat? Gaan jullie naar Opuwo?' de verbazing in de stem van de vrouw is oprecht en ze kijkt me ontsteld aan.
'Jij moet de enige zijn,' komt er heel eerlijk achteraan.
Het is duidelijk dat onze liefde voor Opuwo niet wordt gedeeld door de Namibiërs zelf.
'Ik vind het genieten daar. Al die mooie vrouwen die zo'n ander leven leiden dan ik. Van binnen zijn alle vrouwen gelijk maar onze buitenkanten konden niet meer verschillen,' antwoord ik.
'Ja, daar heb je gelijk in, dat ben ik met je eens,' lacht ze.

We stoppen bij een totaal verlaten Himba-dorpje, tenminste dat denken we. Er staat een betonnen huisje dat is opgeschilderd in een poepbruine kleur met afbeeldingen van golven die als het ware over de muren dansen. Dat zie je hier eigenlijk nooit en alles wat opvalt en afwijkt - en dat is in een land als Namibië erg veel - verdient op zijn minst mijn aandacht. Naast het feit dat ik het leuk vind om foto's te maken, zijn ze een geweldige steun voor mij wanneer ik thuis al mijn aantekeningen aan het uitwerken ben. Verlaten? Ik had nu toch beter moeten weten. Pop, pop, pop.

Als een duveltje uit een doosje staat er zomaar ineens een bloedmooi Himba-meisje achter me. Met een perfect gave huid, kleine kettingen en de bekende dikke band om haar hals, ziet ze er fantastisch uit. Haar haar in stevige kleivlechten die allemaal eindigen in dikke, zwarte pluizen die ruim over haar schouders vallen. Op haar voorhoofd een stijf stukje leer dat met een dun touwtje op haar achterhoofd is vastgemaakt. Met haar handen zelfverzekerd op haar heupen, een katoenen lap om haar middel, borsten die vrij spel hebben kijkt ze ons met een zelfverzekerde en nieuwsgierige blik aan. Het bovenlichaam is bij zowel de Himba- als de Zemba-vrouwen altijd naakt. Mocht het wat frisjes zijn dan slaan ze ook een lap om het bovenlichaam. Borsten zijn louter functioneel voor het geven van borstvoeding en hebben niet het sexy imago zoals in de westerse wereld.

'Zullen we kijken of ze daar ook koffie hebben?' wijs ik naar een bordje dat verwijst naar de Mavinga Lodge & Campsite. Hoewel de thermos gevuld is met heet water is het altijd té leuk om te kijken waar we een koffie kunnen scoren. Het ligt maar tweehonderd meter van de weg af en door de groene begroeiing rijdend zijn we er binnen een paar tellen. Het is weer een locatie volgens het boekje. Het ziet er vrij nieuw uit. 'Jazeker heb ik koffie, ik heb alleen geen melk,' zegt de vrouw met een woest uitziend kapsel alsof ze net uit bed is.
'Oh, dat is geen probleem, dat hebben wij wel,' lach ik.
We gaan naar buiten waar keiharde keukenstoelen rondom grote, ronde eetkamertafels staan op een prachtig plavuizen terras. De vrouw brengt een thermoskan met heet water, kopjes en een klein metalen emmertje met suiker en zakjes oploskoffie. Jan haalt de melk uit onze auto. Ik kan weer een originele foto toevoegen aan mijn straatkoffieverzameling. Het gras is heerlijk groen, waar dikke kabels van touw de voetpaden markeren. Rode bloemen eisen de aandacht op tussen al het groen. Het is een mooie lodge met twee rijen

kleine huisjes waar heel wat mensen kunnen overnachten, maar waar op dit moment geen gast te zien is. Ik heb de indruk dat wij nu de enige bezoekers zijn. Vandaar dat er geen melk is, denk ik.

De weg verandert van goed tot redelijk en is dan weer spannend, wanneer we door water moeten dat hoog tegen de wagen opspat. Alle variaties komen in willekeurige volgorde voorbij en vergen elk moment de volledige aandacht van de chauffeur en de bijrijder die graag, ongevraagd, advies geeft. We nemen de tijd om te rijden, om te fotograferen. De eenzaamheid laat zich soms in een foto vangen wanneer we vlak voor een afdaling staan. De rivier blijft als een constante factor te allen tijde aan de linkerkant te zien.
'Ik laat de auto hier even in het water staan. Het is niet erg diep en zo kan ik een paar mooie foto's maken,' zegt Jan.
Hij stopt de auto, stapt uit om vervolgens tot aan zijn enkels in het water met zijn sandalen - die absoluut niet nat mogen worden - te verdwijnen.
Ik blijf lekker zitten waar ik zit; ik heb geen enkele behoefte aan soppige, natte sandalen en op blote voeten lopen in dit water met een bodem van stenen is voor mij ook geen optie.

De totale afwezigheid van autowrakken, waar andere wegen vaak mee gedecoreerd zijn, valt me ineens op. Men rijdt hier niet hard. Dat laten de wegen niet toe en dat moet je gewoon ook niet willen. Misschien worden hier de autowrakken wel opgeruimd? Misschien gebeuren hier zelden ongelukken? Geen idee. Soms valt dat wat er niet is ineens op. Zo ook honden. Ze zijn er wel, maar je hoort ze zelden blaffen en op enige agressiviteit heb ik hier nog geen hond kunnen betrappen. De dieren worden niet weggejaagd of met stenen nagegooid. Dat zijn helaas dingen die we in andere landen vaak wel hebben gezien. Honden worden goed verzorgd en bewaken de mensen en de gasten.

Onze telefoons rinkelen en een berichtje heet ons van harte welkom in Angola. Ik maak er snel een screenshot van; dichter bij Angola zal ik wel niet komen.

De Ruacana Borderpost met Angola laten we links liggen en rijden Ruacana binnen, waarvan we altijd dachten dat het een heel stadje was, maar we zijn er alweer uit voordat we goed en wel binnen zijn. Draaien dus. Een groot, geelachtig gebouw, dat nog het meest doet denken aan een barak, staat half vervallen aan de kant van de weg. Grote afrasteringen moeten voorkomen dat mensen naar binnengaan. Ik kan nog zien dat er in ieder geval een stomerij of iets dergelijks in heeft gezeten. Misschien nog een overblijfsel uit de tijd toen hier gewerkt werd aan de stuwdam? Ruacana dankt zijn bestaan aan een grote dam die gebouwd is in een nauwe kloof en het halve land van elektriciteit voorziet. Daardoor zijn er op de grens met buurland Angola weer watervallen ontstaan die te bezoeken zijn. Die bewaren we voor een volgend bezoek. Het is een plaats van enorm strategisch belang voor het land maar heeft ons, behalve het hypermoderne tankstation annex winkel, op dit moment niets te bieden.

Het tankstation heeft volop personeel; in de winkel is van alles te koop en een meisje is bezig alle pompen af te stoffen. En zo heeft deze plaats toch weer iets dat ik nooit eerder zag. Ik loop de winkel binnen en zie tot mijn plezier ook brood liggen. Ik knijp erin, tenminste dat probeer ik. Keihard. Ik heb meer geluk met een cake die lekker zacht aanvoelt. Die gaat in mijn mandje. Ik zoek een pak sap uit, een bak yoghurt en koekjes. Eindelijk zie ik de koekjes met de afbeeldingen van dieren erop. Hebbes. Zoo-koekjes met een laagje vanilleglazuur. Likkoekjes 2.0. Mierzoet maar te leuk. Afbeeldingen op felroze koekjes van een neushoorn, een eend of een ijsbeer. Er is take-away koffie en met de handen vol loop ik de winkel weer uit. De winkel, trouwens het hele tankstation, ziet er netjes onderhouden uit en lijkt erg nieuw.

'Nee hoor. Het hele complex staat hier al een paar jaar. We houden het erg schoon,' zegt de man met lange rastaharen die achter de kassa staat wanneer ik er een opmerking over maak. De man geeft de indruk eerder een bezoeker te zijn dan een personeelslid. De moderne kassa is duidelijk een uitdaging voor hem. Het bakkersmeisje, met een wit schort en dito koksmuts op haar hoofd, helpt hem graag een handje. Het doet zijn ego duidelijk geen goed dat hij de hulp van het meisje nodig heeft. We gaan buiten aan de grijze, houten picknicktafel zitten en genieten van de cake, de koffie, maar nog het meest van al het voorbijkomende verkeer.

De auto maakt soms een sirene-achtig geluid waar we horendol van worden. Het heeft volgens Jan iets te maken met het wegvallen van de verbinding met het GPS-systeem. Op de dirtroads hoorden we het zelden, maar nu gaat ie soms als een idioot te keer. We worden er knettergek van. Jan rijdt nergens te hard, we houden ons netjes aan de maximumsnelheid en doen beslist geen gekke dingen. Daarvoor is de auto ons veel te dierbaar. Er is geen patroon in te ontdekken. Ik maak een filmpje van onze snelheid en het bijpassende geluid en app dat naar de mensen van Explore Namibië. Binnen een paar minuten heb ik al antwoord terug en de namen van twee garages in Opuwo die ons kunnen helpen. Ik neem het stuur van Jan over, doe niks wat Jan ook niet deed en het geloei is ineens voorbij. Kan het echt aan de chauffeur liggen? Dat lijkt Jan onmogelijk…. Het is net als met kiespijn. Zo gauw je in de wachtkamer van de tandarts zit is de pijn weg, zo gaat het met onze autosirene ook.

Ik rijd Opuwo binnen waar het bord van een van de aanbevolen garages, *Wesstech Autorepairs*, al snel opduikt. Zelfs op loopafstand van het Abba Guesthouse.

'Ach, jullie zijn er weer. Kamer H is ook weer beschikbaar,'
lacht het vriendelijke meisje dat ons dagen geleden ook heeft
ingeschreven.
Het voelt een beetje als thuiskomen. We installeren ons. Terwijl Jan met de auto naar de garage gaat, heb ik alle tijd om
mijn dagboek bij te werken.
'Het is eigenlijk helemaal geen probleem. Ik rijd soms niet in
de juiste versnelling. Als de weg goed is kan ik gerust in de
zesde versnelling rijden, maar bij een mindere weg liever in
de vijfde. De man had een heel logisch verhaal,' aldus Jan die
zichtbaar opgelucht is en snel terug is. 'Het had dus niets met
de verbinding met het GPS-systeem te maken.'
Als niet veel later een vriendelijke man van het Asco-verhuurbedrijf ons opbelt en het verhaal bevestigt, kunnen we
morgen met een gerust hart en een stille auto verder rijden.

In het Kaokolandrestaurant worden we ook al herkend. We
hebben er lol om en gaan natuurlijk weer zo zitten dat we vol
zicht op alle passerende mensen hebben. Voor het restaurant
zit een meisje fatcakes te verkopen. Misschien mag ze pas
thuiskomen als alles is verkocht, mijmer ik. Er komt een
kind, al kauwend op een maïskolf, aanlopen en die geeft de
maïskolf aan het meisje op de grond. Zij pakt het aan en
knabbelt er lekker op verder. Er stopt een man. Zonder een
woord te zeggen geeft het meisje de maïskolf aan de man die
al etend doorloopt. Misschien kennen ze elkaar, misschien
zijn het vreemden voor elkaar. Wat een wonderlijk tafereeltje
speelde zich zojuist voor onze neus af en we kijken elkaar
verbaasd aan.
Opuwo, een stoffig stadje?

Waar eens de olifanten huilden

Met enige weemoed rijden we Opuwo uit. De stad waar niks te zien is, de stad die bekend staat als een stoffige stad, de stad die blijkbaar alleen door ons wordt gewaardeerd. Vanaf nu alleen nog maar asfaltwegen voor ons, behalve de wegen in het Etosha-park. De weg is prima, de omgeving wat eentonig met groene bosjes, af en toe een picknickplaats en summier verkeer dat beschaafd rijdt.

Sinds een aantal jaren heeft het Etosha-park er een paar nieuwe onderkomens bij; plekken waar gekampeerd kan worden en met een mooie waterplek om dieren te spotten. Vlak voor de entree van het park is een controlepost van de politie. We stoppen, doen netjes onze zonnebrillen af en groeten vriendelijk. De politieman, een grote man met een wat onnozele uitstraling op zijn gezicht, laat me als een kleuter die niet met de andere kindjes mee mag spelen, zijn pen zien die bijna leeg is. Het is duidelijk dat hij met een lege pen zijn functie niet goed kan uitoefenen.

'U krijgt een pen van mij,' zeg ik, nooit te beroerd om een ambtenaar in functie te helpen.

De pen wordt graag aanvaard. We mogen doorrijden maar niet voordat hij onze auto heeft gecontroleerd op vlees. Alles wordt in orde bevonden. Het blijft altijd wonderlijk; we doen niks fout, hebben geen verboden spullen bij ons en toch bespeur ik vaak iets van ongemak bij mezelf tijdens zo'n controle. Misschien omdat je dan de controle zelf even kwijt bent? Een pen doneren is dan een gebaar van goede wil waar beide partijen blij van worden en we rijden weer verder.

Na twaalf kilometer rijden we het grootste park van Namibië, via de Galton Gate, binnen. Een van de vier entrees die er zijn om deze grote zoutpan binnen te komen, waar we ons melden bij het kantoor om de entree voor het park te betalen.

Etosha is niet goedkoop, je betaalt per persoon, voor de auto en natuurlijk de overnachtingen die op de plek zelf betaald moeten worden.

'Jullie zeggen dat jullie uit Holland komen maar dit land kent mijn systeem niet,' zegt de vrouw op een licht beschuldigende toon en kijkt ons aan alsof we van een andere planeet komen.

'We komen uit Nederland maar in het buitenland zeggen we altijd dat we uit Holland komen. Als men vraagt wat onze nationaliteit is dan zeggen we Dutch,' leg ik uit en maak zo, onbedoeld, de verwarring nog groter. 'Kijk maar eens bij The Netherlands,' ga ik behulpzaam verder als ik naar haar licht wanhopige gezicht kijk.

Ze lacht tevreden, dit land kent haar computer gelukkig wel.

'Ik wil even in jullie auto kijken of jullie geen wapens of een drone in de wagen hebben,' zegt de magere man van de beveiliging op een toon alsof ie elke dag tientallen wapens bij toeristen uit de wagens haalt.

Wapens? En ik maar denken dat het pakje vlees - dat ik vergeten heb aan te geven en dat nog nog in de koelkast ligt - levensgevaarlijk was. Hij kijkt even vluchtig en ziet al snel dat wij brave reizigers zijn die geen snode plannen hebben.

'Plastic zakjes en tasjes zijn hier verboden. Jullie kunnen ze hier bij ons inleveren,' zegt de man die soepeltjes van wapens overgaat op plastic.

Schuldig. We hebben er een paar bij ons. Ik ben er altijd zuinig op omdat ik ze overal voor gebruik en met lichte tegenzin lever ik alles in.

'Plastic zakjes en tasjes zijn levensgevaarlijk voor de dieren. Met name voor de giraffes. Zij kunnen absoluut geen plastic verteren, laat staan uitpoepen en binnen drie dagen is een giraffe die plastic heeft gegeten dood,' legt de man uit.

Om zijn woorden kracht bij te zetten wrijft hij met zijn ene hand over zijn buik, kijkt met een pijnlijke blik op zijn gezicht naar ons, om vervolgens met zijn andere hand richting zijn kont te gaan om ons duidelijk te maken dat poepen dan een heel groot probleem voor de giraffe wordt. Zijn beeldspraak heeft ons overtuigd! Dat verandert mijn mening en we leveren alles in, beloven plechtig dat we ons netjes zullen gedragen, geen plastic verpakkingen zullen laten rondslingeren of iets uit de auto laten waaien. Een dode giraffe is wel het laatste dat we ons op geweten willen hebben.

Vanaf de Galton Gate is het precies 67 kilometer naar Olifantsrus, een van de nieuwe plekken waar gekampeerd mag worden. Toch al snel een afstand waar we minimaal anderhalf uur voor nodig hebben. De maximumsnelheid is hier zestig kilometer en dat vinden we vaak nog te snel. Dikke olifantdrollen en een eenzame wildebeest heten ons welkom als we dicht bij Olifantsrus zijn. Zou het wildebeest verdwaald zijn? Verstoten door zijn familie of had ie gewoon even zin in een momentje voor zichzelf?

'Kunt u hier ook zien of er op Okaukuejo nog plek is?' wil ik graag weten als we ons melden bij de receptie van Olifantsrus.

'Nee, daar is alles vol. Halali heeft wel altijd plek,' zegt ze.

Dat vinden we nu geen optie meer; veel te ver rijden. Op een bord staat vermeld dat men voor de afstand van bijna 170 kilometer naar Okaukuejo minstens vier uur, maar liever nog vijf uur uit moet trekken. Je weet immers nooit wat je tegenkomt aan wild. En dan moet je nog door naar Halali.

'Hier dan? Hebben jullie nog een plek voor ons?' vraag ik.

'Nee, we zitten ook helemaal vol.'

Op dit antwoord hadden we eerlijk gezegd niet gerekend gezien de vele lege plekken die we hier nog zien. Misschien zijn die voor verstandige reizigers die nooit een gokje willen nemen en alles hebben gereserveerd?

'Als jullie willen kunnen jullie ook kamperen bij een van de picknickplaatsen. Deze plekken worden voornamelijk door de daggasten gebruikt maar je mag er ook kamperen. Zoek daar

maar een plek uit. Je kunt dan uiteraard van het sanitair op de camping gebruik maken. Maar dan moeten jullie wel met cash geld betalen. Het papier voor de creditcardmachine is op, dus die kunnen we niet gebruiken,' gaat ze verder.
Deze kenden we nog niet, geen elektriciteit is meestal de reden dat de machines niet werken. Geen papier? Lijkt ons vreemd.
'Ik heb sterk de indruk dat dit geld een extraatje voor het personeel is,' zegt Jan. 'Normaal krijgen we in Etosha, bij alles wat we uitgeven een keurige factuur, en nu hebben we contant betaald en geen rekening gekregen,' grijnst Jan.
'Maakt me niks uit, zij blij met de extra centen, wij blij met een mooie stek,' lach ik tevreden.
Er is zelfs elektriciteit. We rollen ons verlengsnoer uit, vullen de waterkoker en binnen een mum van tijd zijn we alweer thuis. Het zou natuurlijk ook wel vreemd zijn wanneer we niet konden overnachten. We zijn het park binnengelaten, hebben entree betaald en dan weet men toch ook dat we nog ergens moeten slapen. Ik vind het een perfecte oplossing. Olifantsrus heeft een kleine kiosk waar wat snacks te koop zijn, er staat een picknicktafel tussen de kiosk en het kantoor waar de wifi prima werkt. Door de afwezigheid van een hotel, een lodge, een zwembad en een restaurant is het een rustige camping waar tien kampeerplekken zijn.
Een voetpad van houten planken leidt ons naar een waterplaats met een klein gebouwtje van twee verdiepingen waar de bezoeker in alle rust naar de dieren kan kijken. De rust is te rustig; behalve een paar grauwe schildpadden is er weinig reuring. De mooie zonsondergang maakt het gemis aan wilde dieren helemaal goed en tevreden lopen we terug en zien dat alle campingplekken inmiddels bezet zijn.

Olifantsrus is een plek met een even treurige als sinistere geschiedenis. Er staat nu nog een grote, witte metalen constructie met een lier eraan. In de jaren tachtig van de vorige eeuw vond men dat er te veel olifanten in dit park leefden. Dit werd in die tijd als een bedreiging beschouwd voor de biodiversiteit van het Etosha-park. Dat kon zo niet langer vond men. Er werden ongeveer vijfhonderd olifanten gevangen genomen en vervolgens gedood. Speciaal voor dit doel werd deze openluchtslachterij gebouwd. Waar begraaf je vijfhonderd dode olifanten? Zijn alle slagtanden verkocht? De lier en de constructie geven ons de indruk dat de dieren echt geslacht zijn. Wie zou dat vlees dan opgegeten hebben? Wie wil er nu een broodje olifantenvlees? Mijn fantasie is te groot. De aarde kleurde rood van het olifantenbloed. Als bewijs van wat er ooit is gebeurd liggen er nog een paar door de zon gebleekte schedels waar de slagtanden nog aan zitten. De metalen constructie steekt fel af tegen de smurfenblauwe hemel en levert een wonderlijke mooie foto op van een wreed en heftig verleden. Omdat olifanten in familieverband leven werden door deze slachtpartij hele families uit elkaar gerukt. Waar eens de olifanten huilden, genieten nu de bezoekers vanuit de hele wereld van alles wat dit park zo mooi maakt. In de verte staat een hele kudde springbokken; zij hebben geen idee wat zich hier lang geleden heeft afgespeeld.

'We hebben pech met het slot van onze camper,' komt onze Nederlandse buurman een praatje maken, als we op het punt staan om in de auto te stappen om nog een rondje te rijden. 'In Opuwo is geprobeerd om het te repareren. Maar dat is niet gelukt.'
Hij begint te lachen en vertelt: 'Mijn vrouw was toevallig in de camper toen ik naar binnen wilde gaan en de deur ineens met geen mogelijkheid meer open wilde. Doordat zij binnen was, is het ons gelukt om de deur uiteindelijk open te krijgen. Vandaar dat er nu een monteur komt om dit nu definitief op te lossen. We reizen nog door naar Botswana en dan is het toch wel prettig wanneer alles goed werkt.'

Hij is zeer te spreken over de prima service en snelle oplossing van het probleem. Dit staat ook in ons contract. Het ligt er natuurlijk aan waar je je bevindt in dit grote land, maar problemen worden snel opgelost of er komt een andere wagen. Men moet natuurlijk wel de tijd hebben om de gestrande reiziger te bereiken, gezien de afstanden in dit land.
'Wil je de camper eens bekijken?' vraagt de buurman.
Graag! Ben echt benieuwd. Af en toe komen we eentje tegen. Bushcampers die ook geschikt zijn voor de meer pittige wegen. Het zijn altijd mooie, wat compacte wagens waar alles in staat wat een mens maar nodig heeft en ik stap naar binnen.
'We laten het bed altijd zo liggen, dat ruimen we niet iedere keer op. Je leeft toch buiten in dit land. We kunnen hier binnen koken, maar aan de buitenkant zit een klep waar een kookstel achter zit zodat je ook heerlijk buiten kunt koken. We hebben zelfs een toilet. We zijn er zeer over te spreken,' rondt de man de mini-rondleiding af.

Het park is officieel al gesloten wanneer er een wagen onze camping oprijdt en een monteur in werkkleding uitstapt. Hij knikt bevestigend op mijn vraag of hij onze buren komt helpen.
'Moet u nu vannacht helemaal terugrijden naar Windhoek? vraag ik.
'Nee hoor. Ik overnacht hier en rijd morgen weer terug naar Windhoek.'
'Ik hoop dat je baas je goed betaalt,' zeg ik.
Hij kijkt me aan en lacht.
'De monteur heeft een compleet nieuw slot meegenomen. Dat wordt er nu ingezet en dan is het probleem opgelost,' zegt de buurman die duidelijk blij is dat zijn camper weer goed afgesloten kan worden.

Christus Kirche

Herero-vrouw

In Hoada

In Etosha

Zemba-mensen in Opuwo

In de supermarkt in Opuwo

Zemba-vrouwen in Opuwo (boven)
Himba-moeder in Windhoek (onder)

In Okahandja

In Kaokoland (boven)
Solitaire (onder)

Leeuwen met een stroopwafel

Wanneer er een auto stil staat in Etosha is dat negen van de tien keer een teken dat er wild te zien is. Iedereen die hier rondrijdt is op zoek naar wild. Wild dat vaak lastig te zien is. Een olifant is zelfs te missen als je er pal naast staat.
Leeuwen! Allemachtig, direct al een paar leeuwen zo vroeg in de ochtend. Een oudere heer op leeftijd met zijn wat jongere vrouw lopen langs de weg. Staan stil, lopen verder en weten precies hoe ze de aandacht van al die mensen moeten trekken. Chauffeurs proberen hun auto's zo te draaien voor het mooiste zicht op de dieren. Autorijden met je camera in de hand is niet handig. Voeg daarbij wat opwinding én de wil om op de weg te blijven rijden en is er meer gevaar te vrezen van mijn soortgenoten dan van van de koning van de jungle en zijn gemalin, die volgens mij alles met milde spot bekijken. Mevrouw Leeuw trekt duidelijk haar eigen plan en loopt bij haar man weg; hij vindt het prima. Ze zijn al lang bij elkaar, hij weet dat ze altijd weer bij hem terugkomt. Veilig achter het raam maak ik een topfilmpje van meneer Leeuw die daar op een paar meter afstand naast mij loopt. Ik veilig in de auto en hij sjokkend langs de kant van de weg. Onze aanwezigheid boeit hem niet. Wat een feestje! Na de nodige foto's rijden we weer verder.

Zebra's, zebra's, en nog meer zebra's; meer streepjescodes dan in de supermarkt. Elke code zo uniek als onze vingerafdrukken. Geen zebra is hetzelfde gestreept. Waarom is een zebra gestreept?
Ook in de Afrikaanse dierenwereld zijn leuke verhalen te vertellen. Waarom heeft een baviaan rode billen?

Lang geleden, nog voor er mensen op deze aarde liepen, leefden alle dieren op de Afrikaanse savanne vredig samen. Elke dier bijzonder, elke dier zijn eigen taak. Door de grote droogte, regens bleven uit, rivieren vielen droog, veranderde dat. Uiteindelijk was er nog één plek waar water te vinden was. Een brutale baviaan zag zijn kans schoon, ging naast het water zitten en maakte iedereen wijs dat het water van hem was. Wilde je als dier water drinken? Prima. Maar eerst betalen. Met een grote dorst en een droge tong was het lastig om tegen de baviaan in te gaan. Olifanten moesten zelfs extra betalen omdat zo'n groot dier zoveel dronk. Dieren stonden in de rij te wachten op hun beurt. De zebra was in die tijd nog een wit en koppig dier. Betalen voor water? Dacht het maar van niet. Niet betalen? Prima, maar dan ook geen water. Daar was de baviaan heel duidelijk in. Het werd donker en Afrikaanse nachten kunnen koud zijn. De baviaan maakte een vuurtje om warm te blijven. Hij was blij met zijn inkomsten en zat te overwegen om het bedrag wat hoger te maken. De dorstige dieren hadden toch immers geen keuze wilden ze niet omkomen van de dorst. Zaken zijn zaken en je moet je kansen grijpen als ze zich voordoen. Zebra had ondertussen een mega-dorst en besloot maar eens te kijken of hij niet stiekem wat kon gaan drinken zonder dat de baviaan hem zou zien in het donker. Zebra begon met grote slokken te drinken zo gauw hij bij het water was, en dat maakte zo'n lawaai dat de baviaan hem hoorde en zag, want de witte vacht van de zebra lichtte op in de donkere nacht. Dat kon natuurlijk niet en boos stormde bij op de zebra af. Ruzie, vechten en niet opgeven, want daar waren ze allebei nu net te eigenwijs voor. De nacht ging over in de dag en de twee bleven vechten en ruzie maken. Andere dieren hoorden de geluiden en kwamen nieuwsgierig op de vechtende dieren af. Dat was nu ook niet de bedoeling want de baviaan dacht, tja, als ik hier blijf vechten dan gaan de andere dieren natuurlijk lekker water drinken en niet betalen. Die gedachte deed zijn aandacht verslappen en dat gaf de zebra de kans om de baviaan eens even een stevige trap te geven. De trap kwam zo hard aan dat de baviaan met een boogje door de lucht vloog en op zijn kont in zijn eigen kampvuur terechtkwam. Vanaf die tijd gaan alle bavianen met een rode kont door het leven. Maar ook de zebra kwam niet ongeschonden uit de strijd. Door de val van de baviaan in het vuur vlogen er zwart verbrande stukken hout door de lucht. Sommige van die zwarte stukken kwamen op het mooie witte huidje van de zebra terecht. Tja, de baviaan ging vanaf die tijd met rode billen door het leven en de zebra ruilde definitief zijn witte vacht voor een zwart-wit gestreepte in.

Daarom heeft een baviaan rode billen, daarom heeft een zebra zijn strepen en daarom hebben wij dus zebrapaden denk ik er achteraan.

Waar zebra's zijn, zijn ook wildebeesten of gnoes. Zij horen bij elkaar. Wildebeesten eten graag gras maar hebben zo hun voorkeur. Zij eten het liefst kort gras en daarom zijn ze dikke maatjes met de zebra's. Zebra's eten het lange gras dat ze met hun voortanden afbijten. Het korte gras dat dan overblijft wordt graag door de wildebeesten gegeten. Daar staat dan weer tegenover dat tijdens de grote trek, de migratie, er maar liefst zo'n twee miljoen wildebeesten zijn die de zebra's daar beschermen. De wildebeesten met hun schonkige lijven die allemaal wat onbeholpen door het landschap lopen.

'Daar is een picknickplaats, daar kunnen we koffiedrinken,'
zeg ik.
In het park zijn op een paar plekken picknickplaatsen gemaakt. Grote hekken zorgen voor een veilig en afgebakend
terrein. Maar, als je net een paar leeuwen hebt ontmoet, stap
je toch wat anders uit de auto om het hek snel open te doen.
Er staan een paar tafels, er is schaduw en je vindt er het sme-
rigste toilet ooit met een voorraad toiletpapier voor een heel
weeshuis. Ik ben echt wel wat gewend, maar wat een dikke
bende. Mensen doen nu zo te zien achter het gebouwtje hun
behoefte en dat geeft een nog smeriger indruk. Jammer. Het
moet toch een kleine moeite zijn, gezien al het personeel dat
hier rondloopt, om dit netjes te onderhouden. De entreeprij-
zen zijn fors daar mag toch op zijn minst een schoon toilet
tegenover staan? We draaien het gebouwtje onze rug toe en
genieten van de koffie met stroopwafels. Twee leeuwen zien,
daar horen twee stroopwafels bij.

Kleine jakhalzen sluipen wat stiekem over en langs de weg,
hun spitse snuit constant in beweging. Springbokken bewe-
gen zich elegant door alles heen en een grote kudde wildebeesten graast het korte gras nog korter. Er is altijd wel wat te
zien en dan de dieren die er ook zijn maar zich niet laten zien.
Zoals olifanten. Waar zijn de dikhuiden? Rijdend over de
Gemsbokvlakte zien we een havik door de lucht vliegen. Zien
is geloven en we kijken met verbijstering naar de grote roof-
vogel die met een greep een klein vogeltje uit de lucht plukt.
Hebbes! Havik met prooi vliegt naar de dichtstbijzijnde boom
en begint direct zijn vers gevangen buit te nuttigen. De kleine
veertjes worden razendsnel uit het vogeltje getrokken en
dwarrelen op de grond. Gefascineerd kijken we ernaar. Ik heb
altijd al eens een *kill* willen zien, maar deze had ik niet kunnen verzinnen. Het is een even wreed als een fascinerend
gezicht. Eten of gegeten worden. De rauwe wetten van de
natuur.

Uren rijden we rond, spotten nog vier giraffes die als hijskranen in het landschap staan en zien dan de grauwwitte toren tevoorschijn komen die zo kenmerkend voor Okaukuejo is. We zijn vroeg, melden ons bij de receptie en hopen op een plek op de camping. We durven de gok niet te nemen om later op de dag aan te komen om dan te horen dat alles vol is en dan nog door te moeten rijden naar Halali. Drie vriendelijke en behulpzame dames staan achter de balie en ja hoor, er is nog wel een plek voor ons. Nummer 26. Helemaal goed. Er is hier een bescheiden winkeltje - waar opvallend veel wijn wordt verkocht, maar waar een potje jam niet te koop is -, een postkantoor, een zwembad en een toiletgebouw waar drie exemplaren van de Bijbel in het raamkozijn liggen. Er ligt een laagje stof op de boeken.

In Okaukuejo zetelt het kantoor van het park en wordt er onderzoek gedaan in het ecologische instituut. Vanuit hier wordt het park bestuurd. Aan het eind van de 19$^\text{e}$ eeuw was het een controlepost om te voorkomen dat de runderpest zich nog verder zou uitbreiden. Een paar jaar later werd de post vernietigd en veranderde het in een politiepost. In 1953 kwam de eerste ranger naar dit gebied, waar behalve de dieren, alleen Haikom-bosjesmannen woonden. De toren werd pas in 1963 gebouwd.

Okaukuejo, een onmogelijke naam om te schrijven, laat staan om uit te spreken, heeft een betekenis die ik niet had kunnen verzinnen. Het betekent zoveel als *de vrouw die elk jaar een kind kreeg*. Hoeveel kinderen de vrouw uiteindelijk kreeg dat staat er nu net weer niet bij.

Er is een prachtige waterplaats waar je vanaf de camping in een paar tellen naartoe loopt. Er staan grote banken langs de afscheiding met de waterplaats en er is een mooie overdekte hut waar je perfect kunt zitten. Dit alles maakt Okaukuejo tot de populairste plek in het park. Het is voor ons beiden een feestje van herkenning.

Alles is schoon, er is elektriciteit, een grote royale plek voor de kampeerders en meer Nederlanders dan we de afgelopen weken bij elkaar hebben gezien. Veel stenen waar de pick-nicktafels en de stenen krukken op zijn gebouwd zijn afgebrokkeld, de tafels gehavend maar alles is brandschoon. Wat meer onderhoud zou het tot een nog mooiere plek maken. We installeren ons, laten de tent nog even ingeklapt en gaan een rondje rijden in de omgeving.

Etosha trakteert ons weer op tientallen zebra's, van kleine kleuters en tieners tot grote dieren op leeftijd. Het zijn echte kuddedieren die als groep van de ene plek naar de andere gaan. Zebra's zijn druk bezig om het hoge gras af te bijten voor de wildebeesten. In de verte zien we nog een mooie, elegante oryx lopen en meer dan tevreden rijden we terug naar nummer 26.

We zijn nog maar net bij de waterplaats aangekomen of er komt al een neushoorn aansjokken. Alle toeschouwers houden hun adem in alsof ze naar een spannende film kijken waarop elk moment de ontknoping kan komen. Camera's maken overuren en verrekijkers halen het dier dichterbij. Neushoorn weet hoe het hoort en poseert als een mannequin voor zijn publiek, gaat nog even overdwars staan zodat iedereen met gepast ontzag zijn maten en zijn figuur kan bewonderen. Neushoorns dragen hun vel als een te grote jas, de huid hangt in dikke, stijve plooien om het lijf. Alsof alles een maatje te groot is.

'Gisteravond kwamen er in totaal zeven neushoorns aanlopen,' zegt mijn Nederlandse buurman die ons hoort praten.

De beesten lopen log en langzaam door het gelige licht van de jodiumlampen die alles in zachte kleuren dompelt. We hebben geen idee of de zeven dieren vanavond weer op zullen treden. Hoelang moet je dan blijven? We genieten van de sfeer, de fluisterende mensen, de camera's die oplichten in het donker en lopen terug naar de camping.

Naar Halali

De nachten zijn fris, de dagen schitterend en heerlijk zonnig. Zo halverwege mei glijdt Namibië de koude periode in. De regens hebben alles opgefrist. Het is groen en de dieren dik, tenminste dat vind ik als leek. Geen ik-kan-de-ribben-tellen-dieren. Vooral de honderden en honderden zebra's die we hier elke dag zien, zien er rond en gezond uit. Hun strepen glanzen en gezien het aantal zwangere dieren in de kudde komen er nog heel wat streepjes bij. Springbokken blaken van energie en zijn altijd leuk om naar te kijken. Elegant, speels en vriendelijk.
Met een gerust hart vertrekken we van Okaukuejo om richting Halali te gaan, de plek waar altijd plaats is. Halali is een van de kleinere kampen en vaak rustig. Het is een afstand van amper tachtig kilometer maar aangezien je nooit weet wat je tegenkomt trekken we er gewoon een paar uurtjes voor uit. We hebben geen haast. Daar staat een auto stil. Raak. Een grote hyena stilt zijn dorst aan de kant van de weg en lebbert het water - altijd om zich heen kijkend, altijd beducht op een vijand - naar binnen. Van ons en de andere kijkers heeft hij niks te vrezen.
Etosha is een 'plat' park met groene bosjes waar witte pluizen ons de indruk geven dat het heeft gesneeuwd. Er zijn geen bergen of heuvels. Etosha betekent dan ook zoveel als Land van Droog Water, Grote Witte Plek of Plaats van Luchtspiegelingen. Alle namen kloppen wel; het is een opgedroogde zoutpan en door het weerspiegelen van de zon op de zoute bodem zie je de lucht trillen en zien we vaak dingen die, zo gauw je dichterbij komt, verdwijnen in het niets. Gezichtsbedrog. Je zou denken, zo'n platte pannenkoek, dat maakt het wild spotten makkelijk. Niets is minder waar.

Volgens mij kan een dier zich op deze vlakte nog achter twee grassprietjes verstoppen.

De natuur denkt overal aan. Daarom heeft een zebra strepen. Wanneer een kudde zebra's op de vlucht is voor een roofdier deinen hun strepen op en neer en vormen zo één kleur. De strepen zijn dan niet meer als zodanig te herkennen. Dat maakt het voor bijvoorbeeld een leeuw lastig om te zien waar het ene dier begint en waar het andere ophoudt. Tocht is het eten of gegeten worden en is het elke ochtend maar weer de vraag of je als dier in Afrika de avond haalt of dat je iemands diner bent geworden.

'Stop, stop, ik zie een neushoorn,' roept Jan en laat mij op de rem trappen.

Dat is op dirtroads altijd makkelijker gezegd dan gedaan. Wanneer je ineens vol op de rem gaat staan op deze wegen kan de auto als het ware gaan dansen en dwarrelen en verlies je de controle over de wagen. Niet te snel en niet te pardoes remmen. Ik stop, rijd terug en parkeer de auto zo dat we goed zicht hebben op de gigagrote neushoorn die gelukkig nog in het bezit is van zijn gigagrote hoorns. In dit park leven de witte en de zwarte neushoorns. Wit heeft trouwens niks met zijn kleur te maken, alle neushoorns hebben dezelfde grijze jas aan. Het is een verbastering van het Engelse woord *wide*. De witte neushoorns is de neushoorn met de brede bek. Maar wat is breed? Wat is smal? Wie meet die dingen? Geen idee. En als er eentje loopt dan weet ik echt niet of ie nu een smalle of een brede bek heeft. Het is gewoon een log apparaat waarvan ik me zonder enige moeite kan voorstellen dat deze hier ook al in de prehistorie rondliepen. Hij ziet er oud en vermoeid uit.

De bewegwijzering in dit park is erg goed. Overal staan stenen blokken waar de namen en de afstanden op staan. Op het betonblok dat ons naar Halali verwijst staat een grote replica van een jachthoorn. Wanneer we in de verte twee heuvels uit het landschap zien rijzen, de enige 'bobbels' in de platte pannenkoek die Etosha is, weten we dat we er bijna zijn.

De toegangspoort is nieuw. Op de muur een afbeelding van een jachthoorn. Een enorme olifantenschedel houdt de ingang en de uitgang van elkaar gescheiden. In de receptie hangt een bordje met het verzoek om het zien van een neushoorn vooral niet te melden. Dit om de beesten tegen stropers te beschermen. Je weet nooit wie het hoort en wat voor snode plannen iemand kan hebben. Zelfs in een nationaal park als Etosha zijn deze dieren hun leven dus niet zeker.
Op Halali* is inderdaad volop plek en we mogen zelf uitkiezen waar we graag willen staan en kiezen plek achttien. Volop schaduw en naast een stenen paddenstoeltafel met vier stenen zitblokken staat ook nog een picknicktafel. En dat alles op gepaste afstand van een keurig toiletgebouw zonder bijbels in de raamopening. Of zijn ze allemaal meegenomen door een behoeftige reiziger? Reizen werpt soms vragen op die ik nooit had kunnen verzinnen; vragen zonder antwoord.
Ik maak koffie en pak de laatste dierenkoekjes met afbeelding van de neushoorn uit de auto. Deze neushoorns kunnen we met een gerust hart opeten.

'Zullen we nog een rondje rijden?' vaagt Jan. 'Eigenlijk kun je gewoon iedere keer wel hetzelfde rondje maken. Er is op elk moment van de dag wel iets anders te zien.'
We rijden met een gerust hart de camping af; we zijn verzekerd van een mooie plek voor vannacht.
'Waar is mijn camera? Die heb ik toch op de achterbank neergelegd?' vraagt Jan zich niet veel later hardop af, terwijl zijn hand al zoekend over de achterbank gaat. 'Verrek, die ligt nog op de picknicktafel op de camping.'
'Onmiddellijk terugrijden,' zeg ik.
De schrik zit er direct bij ons beiden goed in, camera weg is ook alle foto's weg. Iets te hard rijdt Jan terug en slaakt een

hele grote zucht van opluchting als we direct de camera op de tafel zien liggen. Het toestel lag beschut - achter het krat dat we op tafel hadden neergezet - in de schaduw en is vanaf een afstandje helemaal niet te zien. We hebben nog een klein pocketcameraatje bij ons, maar om daar alleen mee te reizen zou niet voldoende zijn. We rijden nu zeer ontspannen verder door een rustig park waar de dieren duidelijk andere bezigheden hebben en zich niet laten zien. Jan rijdt terug naar de camping

Op de camping arriveert een gezin met een jochie van een jaar of vier. Ik hoor Duits en Nederlands. Er wordt een mooie, grote daktent uitgeklapt. De man is uren bezig om alles zo perfect mogelijk uit te stallen. Het is altijd leuk om onze medekampeerders te bekijken. We raken aan de praat.
'Ik woon al lang in Hamburg,' zegt de man in het Nederlands. 'Door de liefde ben ik in Duitsland terechtgekomen.'
'Zijn jullie helemaal over land hier naartoe gereden?' vraag ik nieuwsgierig als ik naar het Duitse kenteken kijk.
'Nee, we hebben deze wagen vanuit Duitsland naar Walvisbaai laten verschepen. Wij zijn later naar Windhoek gevlogen en van daaruit naar Walvisbaai gereisd om de auto op te halen. We hebben nu vier maanden de tijd om rond te reizen. Malawi en ook Tanzania staan op ons lijstje.'
Zijn vrouw komt er ook aan: 'Waarschijnlijk laten we deze auto op een veilige plek achter in Afrika zodat we elke keer vanuit Duitsland naar Afrika kunnen vliegen om dan reizen van vijf tot zes weken te maken. Om de auto iedere keer te laten verschepen is te duur,' legt ze uit.
Het jochie luistert naar papa die Nederlands praat en naar mama die Duits praat.
'Hij praat het liefst Duits. Nederlands verstaat hij uitstekend maar praten vindt hij toch lastig,' zegt papa. 'Zouden we in Nederland wonen dan viel hij nu al onder de leerplichtwet. In

Duitsland nog niet. Vandaar dat we nu een reis van maanden kunnen maken.'

Een ouder echtpaar arriveert in een auto met aanhanger waar een soort van half uitgeklapte tent op staat. De man pakt een hark uit de auto en harkt alles zorgvuldig aan. Ik kijk gefascineerd toe. Er wordt een groot, groen kleed op het aangeharkte deel neergelegd. De tent wordt verder uitgeklapt, twee geriefelijke stoelen worden op het kleed neergezet en zorgvuldig plaatst de man voor de beide stoelen een klein krukje. Naast elke stoel een tafeltje. Het echtpaar gaat helemaal voldaan zitten, voetjes op de krukjes, drankjes op de tafels; het is duidelijk, zij hebben geen wensen meer. Onze medereizigers zijn minstens zo fascinerend als de dierenwereld.

*Het woord *halali* komt van oorsprong uit de Duitse taal. Om aan te geven dat de buit, de vangst binnen was en dat de jacht voorbij was. In Etosha heeft het nu een andere betekenis gekregen Het betekent dat binnen de grenzen van het park de sportjacht en het onnodig doden van dieren voorgoed voorbij is.

Luipaard met taart

'Stop, stop eens. Wat ligt daar toch links in de berm?' wijs ik. 'Het is geen bok, volgens mij is het een cheeta,' hoor ik Jan met een blije stem zeggen.
'Allemachtig nee, het is een luipaard,' klinkt het ineens opgewonden naast mij.
De opwinding gonst door onze auto. Een luipaard. Het mooie dier heeft geen idee dat door zijn aanwezigheid een van Jan zijn grootste wensen uitkomt. Ik voel me zeer trots dat ik, uitgerekend ik het beest als eerste zag. Oké, ik zag niet dat het een luipaard was, die eer komt Jan toe. Ik stel geen hoge eisen aan mijn dierenkennis. Niet te geloven. Jan stopt de auto met zijn ene hand terwijl zijn andere hand de camera pakt die altijd drukklaar tussen ons in ligt. Het elegante dier komt traag en loom in de poten en neemt alle tijd om de weg over te steken. Blijft nog even staan zodat we hem aan alle kanten kunnen bewonderen, geeuwt zijn bek wijd open om vervolgens majestueus in de bosjes te verdwijnen en ons uitgeput op onze stoelen achter te laten. Hij heeft geen idee wat ie ons aangedaan heeft....

Ik moet vaak denken aan een gids die we ooit tijdens een safari hebben gehad. *'Je moet niet op zoek gaan naar een luipaard, een luipaard overkomt je.'* Als je dan, zoals wij het dier zelf spotten, er geen andere mensen zijn, er geen stilstaande auto staat die door zijn aanwezigheid verklapte dat er iets te zien was, dan is het een hoogtepunt. Geen andere mensen die zich verdringen om de beste foto te maken. Al onze wensen worden vervuld op deze vroege ochtend in het Etosha-park dat we op het punt staan te verlaten. Wat een mazzel om dit dier nog op de valreep mee pakken.

'Dat wordt straks cappuccino met taart. Als een leeuw goed is voor een stropwafel dan hoort bij een luipaard toch wel een taartje,' lach ik naar Jan.
Die vindt alles best, die zou nu zelfs tevreden zijn met een glas water en een droog koekje, als ik zijn stralende gezicht zo zie. Jan legt de camera met tientallen foto's zorgvuldig weg en start de auto om niet veel later langs een niet omheinde picknickplaats te rijden terwijl er dus ergens in de buurt een luipaard rondloopt. We kijken elkaar verbaasd aan. Bizar. Zou het dan nooit fout gaan? We laten het maar links liggen en rijden verder richting Namutoni. Soms zit alles mee. Vandaag is blijkbaar zo'n dag. Een stilstaande auto laat ons stoppen. De bestuurder wijst naar een paar termietenheuvels en fluistert zachtjes: 'Cheeta.'
Ik kijk en zie een zwarte staart van een grote termietenheuvel glijden. Het hoge gras omhult het beest aan alle kanten en ontneemt ons het zicht. Nog even komt zijn zwarte koppie tevoorschijn en dan sluit de omgeving zich weer, alsof er niets is gepasseerd. We vertellen van onze luipaardontmoeting en wie weet hebben zij ook mazzel. Als er even later een leeuw rustig voorbij loopt zijn we te verbaasd om te reageren. Weg is ie alweer.
'Stop, stop maar weer. Ik zie olifanten, nee, het zijn twee neushoorns,' roep ik.
Twee enorme dieren komen op hun dooie gemakje aankuieren en steken in de vroege ochtendzon de weg over. Mevrouw Neushoorn moet nog wel even met mevrouw Leeuw praten Zij loopt te netjes achter haar meneer aan. Haar huid hangt in grove plooien om haar lijf, meneer ziet er niet veel beter uit. Bijna alle dieren die we hier zien, hebben allemaal een vacht die er op afstand aaibaar uitziet en je weet dat er onder het vacht een leren huidje zit. Neushoorns dragen alleen leer. Alles weer een maatje te groot, het slobbert allemaal. Wat een machtig gezicht. Etosha zwaait ons uit met alle egards. Het is bijna niet te bevatten dat we zo worden

getrakteerd op alles wat dit park te bieden heeft. Oh ja…, olifanten. Zijn er nog olifanten? Zoals Jan altijd zegt wanneer we iets gemist hebben, te laat ontdekken of niet wisten, dan hebben we een reden om weer terug te komen. Licht stuiterend van de adrenaline rijden we verder.
'Dit is een heel ander soort adrenaline dan gisteren toen ik mijn camera op de tafel had laten liggen,' merkt Jan op.

Het oude, witte fort van Namutoni glanst in de zon. De kantelen zorgen voor de juiste uitstraling. Grote palmbomen, intens blauwe luchten - als het nog blauwer zou zijn dan was het geen blauw meer - kort gemaaid, bruin gras en een spierwit fort: we zijn weer in een andere wereld beland. Een bordje waarschuwt de bezoeker dat het verboden is om op het gras te lopen. Een strakke oprijlaan en lampen - allemaal brandend op zonne-energie – zullen 's avonds vast en zeker voor een sfeervolle verlichting zorgen. Het ziet er allemaal even mooi en ook weer wat vreemd uit. Een fort dat eruit ziet als een kasteel in een wildpark in Afrika.
De Duitsers hebben wel het een en ander achtergelaten. De houten poort staat open we rijden naar binnen. Ook dit fort was ooit een belangrijke controlepost tijdens de runderpestepidemie eind van de 19ᵉ eeuw. In de Herero-taal heette dit fort eerst Omutjamatinda, wat zo veel betekent als *krachtig water dat van een verhoogde plek komt'*. Namutoni is gelukkig heel wat makkelijker uit te spreken en te schrijven. In de jaren vijftig werd het een nationaal monument en een paar jaar later werd het opengesteld voor toeristen. Het heeft gras, volop ruimte en is de perfecte plek om onze koffie te drinken voordat we het park definitief verlaten.
'Gek hè, dat we op de een of andere manier Okaukuejo hebben overschat en Halali en Namutoni hebben onderschat. Eerlijk gezegd vind ik het hier en op Halali mooier dan in Okaukuejo. Het is eigenlijk alleen maar de waterplaats die deze camping tot een plek maakt waarom de meeste mensen,

en wij dus ook daarnaartoe gaan,' zeg ik als ik om me heen kijk.

We lopen de binnenplaats van het fort binnen; zo mooi als de buitenkant is, zo teleurstellend is de binnenkant. Alle winkels zijn dicht, de deuren van het restaurant zijn gesloten. Ik zie in de muur een tekst staan en loop ernaartoe.

Op 28 januari 1904 werd dit fort aangevallen door vijfhonderd Ovambo-mensen. Zeven dappere Duitse soldaten hebben deze aanval succesvol afgeslagen.

Zeven Duitse namen zijn eronder geschreven. Er loopt hier niemand, er zit letterlijk en figuurlijk geen leven in het gebouw. Iets verderop staat een zandbakkenzand gekleurd gebouw in de stijl van het fort, waar ook een restaurant in zit. Jammer, niks aan. We pakken onze koffiespullen uit de auto, lopen naar de camping, zoeken een lege plek op en genieten van de laatste koffie in Etosha, genieten van de zojuist gemaakte foto's, kortom we genieten gewoon van alles.

'Ik dacht altijd dat Holland en the Netherlands twee verschillend landen waren,' zegt de ranger bij de poort wanneer we Etosha uit willen rijden.

Jan pakt zijn telefoon en laat snel even zien waar Nederland ligt, hoe klein ons land is, hoe groot Etosha is en hoe enorm Namibië is.

'We hopen dit jaar weer terug te komen,' zeggen we.

'Ik heet Gabriel. Misschien herkennen jullie me dan wel weer,' lacht de man vriendelijk, geeft ons een hand en zijn e-mailadres.

Het rijden op het asfalt is heerlijk, de kilometers glijden onder ons vandaan. Terwijl de omgeving verandert van bosjes naar stenen, geven de borden aan dat ik van honderd naar tachtig kilometer moet. Ik heb amper tijd om gas te minderen of er staat alweer een bord dat er nu niet harder dan zestig gereden mag worden. Dat wil ik ook wel, maar jullie geven mij helemaal geen kans om gas te minderen, mopper ik in gedachten. Stop! Halt! Gatver, de gatver, politiecontrole; daar zitten we echt niet op te wachten. Raam open, bril af. De politieman komt naar ons toelopen, klembord in de hand, donkere bril op en streng kijkend. Mensen met een klembord in de handen hebben weinig goeds te melden is mijn ervaring.

'Je reed te hard, je reed 72 waar je maar zestig mag rijden,' klinkt het ernstig.

Jan is blij dat ik rij, ik voel het gewoon. Hij kijkt onmiddellijk uit het raam, en laat me alleen met meneer agent.

'Sorry agent. Mijn fout. Ik had het echt niet zo snel in de garen. Excuus,' zeg ik onmiddellijk.

'Te hard rijden is een ernstige overtreding. Dat nemen we zeer serieus. Mag ik je rijbewijs zien?' vraagt de man.

Hij pakt mijn rijbewijs aan waarvan hij direct gelooft dat het een rijbewijs is, maar het is ook duidelijk dat het roze kaartje hem helemaal niks zegt.

'Dit kost 375 dollar. Kijk zelf maar,' en daar komt het klembord aan waar een lijst met getallen en bedragen op staat.

Door de schittering van de zon kan ik er geen cijfer van lezen maar ik geloof hem zo ook wel en knik bevestigend.

'Je kunt de boete op het bureau in Tsumeb betalen.'

Zo geen zin om straks in Tsumeb op zoek te gaan naar het politiebureau in plaats van naar een leuk koffiezaakje.

'Weet je wat. Jullie zijn zo te zien aardige mensen. Jullie komen uit Nederland. Rijd maar door,' zegt de agent tot onze stomme verbazing en maakt een draai van 180 graden.

We geven elkaar de hand, ik bied nogmaals mijn excuses aan. Jan grijnst van oor tot oor en ik rij heel voorzichtig verder. Wanneer Jan eens per ongeluk te hard rijdt is er zelden een agent met klembord in de buurt. Ik let echt goed op maar dat is hier blijkbaar niet voldoende.

'Dit is nu wat je noemt een politiefuik. Die borden zijn zo geplaatst dat mensen geen kans hebben om gas te minderen en dus bijna allemaal te hard rijden,' zegt Jan nog steeds met een te grote lach op zijn gezicht.

Rustig rijdend gaan we verder om niet veel later Tsumeb binnen te rijden.

'Ja, daar was het,' zeg ik en parkeer de auto dicht bij het koffiezaakje waar we eerder waren.

'Eerst even een foto maken van het Kwaliteit, Waarde, Verskeidenheid & Diensgebouw,' zeg ik en loop naar de overkant. Een te mooie tekst, hoewel ik geen idee heb waar *kwaliteit, waarde, verskeidenheid en diens* voor staat. Ach, alles te weten maakt ook niet gelukkig en we lopen Steinbach's Beergarden binnen waar Francesca, de stevige eigenaresse, knort van plezier als ze hoort dat we hier vaker zijn geweest.

'Willen jullie er ook wat lekkers bij? Ik heb zelfgemaakte cake met karamelsaus,' vraagt ze.

'Jazeker, we hebben wat te vieren. We hebben een luipaard gezien,' zeg ik trots alsof we hem zelf tevoorschijn hebben gehaald.

Omdat toeval niet bestaat zie ik op een grote bloembak - gevuld met verschillende soorten vetplanten - een goed geschilderde luipaard sluipen.

'Vertel. Mag ik die foto's ook? Kun je me die mailen? Mag dat? Ik heb nog nooit een luipaard in het echt gezien,' gaat ze verder als een spraakwaterval waar geen speld tussen te krijgen is.

Ze vuurt de ene na de andere vraag op ons af, vragen waar ze geen antwoord op verwacht. Wanneer ze stopt met vragen vertelt Jan over onze ontmoeting met het luipaard en we beloven, wanneer we thuis zijn een paar foto's te mailen.

Even later glim ik van plezier wanneer ik de grote koppen herken waar de cappuccino in zit.

'Ik herken die schildering ook,' wijs ik naar de muur waar tegen de achtergrond van een afbladderende Afrikaanse zonsondergang giraffes en olifanten lopen.

'Die moet nodig bijgewerkt worden. De laatste keer is dat gebeurd met slechte verf,' zegt ze.

'Je hebt hier echt een leuke zaak,' zeg ik rondkijkend en zie dat er naast thee en koffie ook pizza's te koop zijn.
'Wifi daar doe ik niet aan,' wijst ze naar een klein schoolbordje waar *'Geen wifi, zit en praat met elkaar'* op staat geschreven.
Wij zitten, Francesca praat.
'Het is zo jammer dat in zaken zoals de mijne de bussen met toeristen niet komen. Die weten mij niet te vinden,' gaat ze verder.
Daarin geef ik haar helemaal gelijk; dit soort koffiezaakjes zijn de moeite waard. Ze zijn persoonlijk, zeggen iets over het land, zijn sfeervol; precies wat de bezoeker graag ziet.

Het is nog geen elf uur en dan hebben we al een luipaard gezien, kwam er leeuw langs, staken twee neushoorns voor onze auto de weg over, hing er een staart van een cheeta over een termietenheuvel en kreeg ik bijna een bekeuring. De cappuccino met cake heeft zelden zo lekker gesmaakt. Zoals altijd reist een mens in emoties en niet in afstand.

Via Omatako naar Kendi

Er zitten twee tanks in de auto, samen goed voor 160 liter diesel.
'De eerste is leeg. Zo gauw het kan gaan we tanken,' zegt Jan die over de auto gaat.
Da's hier geen probleem, tankstations zijn er wel. Zo gauw je het tankstation oprijdt begint het personeel al te wenken en te zwaaien, kom bij mijn pomp tanken, kom bij mij. Elke pomp heeft zijn eigen tankmeneer of tankmevrouw. Jan stopt en onmiddellijk komen er naast de tankman, drie mannen op een drafje aanlopen. De een stort zich op de ramen, de ander begint de motorkap te poetsen en de derde man neemt alle spiegels onder handen. De tankman gooit de wagen vol. De poetsmannen hebben volop tijd om alles schoon te maken; negentig liter diesel tanken kost tijd. Met een volle tank, een glimmende auto en vier tevreden mannen die blij zijn met hun fooi, rijden we verder. Het laat me opnieuw realiseren hoe belangrijk toerisme is voor heel veel mensen. Kleine baantjes waar mensen hard voor willen werken.
Een fietser met vier palen, die minimaal drie meter lang zijn, op zijn fiets gebonden, houdt zijn rijwiel stevig vast en vindt ons minstens zo interessant als wij hem vinden. We kijken hem met bewondering na.
Kleine woongemeenschappen van golfplaten, veel afval, oude auto's en wanhopige vetplanten die hun best doen om nog te groeien, verschijnen en verdwijnen aan de kant van de weg. In Omatako, een plaats waar ik nooit van had gehoord, een plaats die niet op onze kaart staat, is het tijd voor een stop met een glas koel sap uit onze koelkast - hoe decadent kun je reizen - en ik heb nog ergens een zak chips. Chips is goed om het zouttekort aan te vullen, vind ik, elke gelegenheid aangrijpend om een zak los te trekken.

Jan heeft een account van Polarsteps op zijn telefoon. Deze app legt onze route vast. Als Jan een foto maakt, deze vervolgens op de juiste manier opslaat op zijn telefoon, wordt dit netjes in de app - die verbonden is met een GPS-systeem - vastgelegd. Mensen kunnen ons direct volgen. Voor Jan is het later een prachtig, digitaal fotoboek op zijn telefoon, alles vastgelegd op de juiste plaats met de bijbehorende plaatsnamen en allerlei gegevens die Jan allemaal even interessant vindt. Zo weet ik dus dat ik nu ergens in Omatako aan een picknicktafel zit met een beker fris en een handvol chips.

'Kijk, een bord van de Frans Indongo Lodge waar je ook kunt kamperen,' zeg ik en wijs naar het bord aan de linkerkant van de weg.
Na een rit van uren door een landschap van stenen, rotsen en eenzaamheid wordt het tijd om een plek voor de nacht te zoeken. We willen te allen tijde voorkomen om in het donker te rijden. We komen het liefst rond drie uur ergens aan, zodat we ook nog een indruk krijgen van de plek waar we zijn. Bijna alle campings, lodges en hotels staan op de mooiste plekken waar vaak van alles te zien is.
'Mm, dat is nog een flink eind van deze weg af, als het niks is of het is vol, moeten we deze weg weer terug rijden,' klinkt het weinig enthousiast naast me. 'Ik rijd liever nog wat verder richting Otjiwarongo.'
Helemaal goed. Na ongeveer tien kilometer doemt het bord van de Otjiwa Lodge op, een plek die ook aanbevolen wordt. Meestal zit het mee en soms zit het tegen. De zon begint te dalen, de warmte wordt minder en er is geen plek meer.
'We zitten helemaal vol. Ik kan jullie wel het Okonjima Africat aanbevelen,' zegt de vrouw als we vragen of er nog iets anders in de buurt is.
'Kunt u misschien even voor ons bellen of ze inderdaad plek hebben zodat we niet voor niks rijden,' vraag ik.

'Nee dat kan niet. Zij nemen nooit de telefoon op. Maar zij hebben altijd plek,' klinkt het kortaf en wat snibbig.
Waarvan akte!
Het bord laat zich al snel zien. De toegang is afgesloten met een hek waar de afbeelding van een grote, metalen luipaard direct opvalt. Het ziet er duur en luxe uit. Er komt een man aanlopen zo gauw hij ons ziet stoppen.
'Kunnen we hier nog overnachten?' vragen we.
De man praat in een walkie talkie, knikt en opent de poort.
'Er is nog wel plek op de bushcamping,' zegt de man.
'Prima, helemaal goed,' zeggen we opgelucht, blij dat er plaats is.
'Er komt straks nog een toegangspoort, die moet je zelf even openen door op een knop te drukken. De poort sluit vanzelf weer,' legt de man uit. 'Er komt dan nog een tweede poort waar iemand aanwezig is.'
Jan rijdt verder de bush in; weer hebben we geen idee waar we terecht zullen komen. Daar doemt de beloofde tweede poort op. Een poort, een man, een stoel, een afdakje. Wat een eenzame baan. We worden netjes binnengelaten, de man sluit de poort weer zorgvuldig achter ons.
Na ruim twintig kilometer over een zandweg melden we ons bij de receptie van Okonjima dat weer een onderdeel is van Africat, waar de prijzen perfect in balans zijn met alle luxe.
'Welcome to Plains Camp' staat er op een groot bord waar ook een sierlijk luipaard veilig vastgemaakt bovenop staat. Wat een schitterende plek en nieuwsgierig lopen we The Barn binnen. Het gebouw lijkt inderdaad op een grote schuur, maar dan wel een hele luxe. Van oude tonnen heeft men grote poefs gemaakt die rond een brandende kachel staan en waar het heerlijk zitten is. Lampen gemaakt van oude wieken van windmolens hangen aan grote kettingen aan het plafond en zwart-witfoto's van huifkarren, windmolens en dieren vertellen zo het verhaal van de eerste pioniers. Het boerenverleden komt overal in terug.

Houten afrasteringspalen zorgen voor afscheidingen zodat er
her en der wat privacy tussen de gasten is. Het personeel doet
vriendelijk en geruisloos zijn werk en alle gasten dragen pas-
sende safarikleding in de kleuren beige en groen. Op de een
of andere manier lijken ze allemaal op elkaar. Hoe korter de
haren, hoe langer de lenzen en hoe groter de verrekijkers zijn.
Niemand draagt iets kleurigs, geen spoortje make-up op een
vrouwengezicht; ik kan niemand op iets frivools betrappen.
Ik heb altijd sterk de indruk dat deze mensen geen gevoel
voor humor hebben. Zo serieus, dat ik me altijd wat uit de
toon vind vallen in mijn zomerjurkje en roodgelakte teenna-
gels.
'Zullen we vragen of we nog mee kunnen eten? Dit is zo'n
mooie plek en het is al wat laat,' stel ik voor.
Ik heb er ook niet veel zin in om na een lange dag als vandaag nog een warme hap te koken. Er kan met de creditcard
betaald worden en ja hoor, we kunnen mee-eten.
'Willen jullie kip of rundvlees? Vanaf 7 uur kun je komen
eten,' wordt ons verteld.
Prima, we zullen er zijn. Eerst maar eens naar de camping,
lekker douchen en wat anders aantrekken. Er is een plek voor
ons op Campsite Kendi. Op een chique camping zoals deze
ben je geen nummer, maar krijg je een mooie naam.
'Volg de borden maar en dan onderaan de heuvel linksaf,'
zegt de receptionist. 'Eerst rijd je de vijf kilometer naar beneden. Als je beneden bent, sla je linksaf en dan zie je na ongeveer twee kilometer de bush camping.'
Jan knikt instemmend bij deze duidelijke uitleg. Hoe dan,
denk ik. Alles lijkt hier op elkaar. Wat is een heuvel? Wanneer noem je iets een berg?
'Dieren zoals cheeta's en luipaarden komen hier niet hoor.
Die wonen en leven allemaal buiten dit goed afgerasterde
deel waar deze gebouwen staan en waar de campingplaatsen
zijn,' verzekert Gloria ons. 'Van de dieren die hier vrij lopen
hebben jullie niks te vrezen.'

Het is absoluut beter voor mijn gemoedsrust en de sfeer in de auto om haar op haar woord te geloven. Een opgepeuzelde toerist is natuurlijk ook slecht voor de zaken. Hoppa, direct al vier giraffes, gevolgd door een koedoe. Eindelijk, daar zijn de wrattenzwijnen; die hadden we nog niet gezien. Kleine dik-diks worden opgevolgd door enkele reebokken; we komen ogen en oren te kort. Sommige dieren tillen hun kop op als ze ons horen, kijken even, weten direct dat ze van ons niks te vrezen hebben en gaan weer verder met hun eigen dierendin-gen. We overnachten gewoon in een dierentuin.

Er zijn vier plekken op de bushcamping die allemaal een mooie naam hebben. Campsite Chilala, Kendi, Koshi en Chimelo. Campsite Kendi is groot genoeg voor een hele scoutinggroep, met twee toiletten - waar een creatief iemand met een takje groen en een strootje een leuke strik om de rol toiletpapier heeft gedaan. Twee douches en een groot aan-recht met dito overkapping maken onze campingplek com-pleet. De ronde, wat verhoogde plek waar je een kampvuur in kunt maken, is zo brandschoon dat het een mens bijna tegen zou houden om er een vuur in te maken. Want, voordat je een vuur kunt maken, moet je eerst voldoende lef hebben om wat hout te pakken van het keurig, op maat gemaakte brandhout dat weer in een net stapeltje onder de overkapping staat. Alles onberispelijk. Buren hoor en zie je hier niet. Het is echt even schakelen voor mij, zo alleen in de bush, waarvan ik weet dat wanneer het straks donker is, er van alles ritselt, kraakt, piept, kruipt en rommelt. Eerst maar even op onderzoek uit. Ik doe de deur van de eerste douche open en schrik me wezenloos. Een vleermuis fladdert enthousiast rond. Aha, dus daarom zijn er twee douches, denk ik. In de andere douche is het rus-tig. Alles is hier nog schoner dan schoon. Alles klopt hier. Nou ja, die vleermuis, daar kunnen zij ook niks aan doen, denk ik grootmoedig; ik ben de beroerdste niet.

Het eten is verrukkelijk en wordt smaakvol opgediend door een enthousiaste ober. Geen buffet zoals je zo vaak ziet, maar een menu door de kok bedacht. Ik geniet van mijn kip en Jan smult van zijn stukje vlees. Voorgerecht, een hoofdgerecht en ijs met een cakeje als dessert. Men houdt hier wel van dooreten, geen getreuzel. Bordje leeg, en daar verschijnt alweer de hand van de ober alweer om het mee te nemen. Ik durf het servet, kunstig gevouwen in een giraffe-kop, bijna niet uit het wijnglas te pakken. Terwijl we genieten van het eten wordt het donkerder en donkerder in Afrika, en dus ook op onze plek, denk ik.

Campsite Kendi is ruim zeven kilometer van The Barn verwijderd. Jan rijdt voorzichtig, over de zandweg, de donkere Afrikaanse nacht in, waar de volle maan en het licht van de koplampen voor enige oriëntatie zorgen. Alleen de dieren maken geluid, we horen geen auto rijden, geen geroezemoes van andere gasten, geen muziek. Nooit eerder sliepen we zo ver van alles en iedereen verwijderd. De maan verlicht ons bushcamp, de sterren stralen en voor de zekerheid laat ik toch de lamp onder de overkapping de hele nacht branden. Gewoon voor mijn gevoel, gewoon voor de zekerheid. Het is heel lang geleden dat ik met een lichtje aan heb geslapen....

Het Waterbergplateau

'Ik wil toch nog even naar het zwembad kijken voordat we weggaan,' zegt Jan en wijst naar het handgeschilderde bordje waar twee zwarte figuurtjes in een zwembad staan. 'Het moet hier ergens tussen de rotsen zijn. Zou dat nu speciaal voor de vier campingplaatsen zijn?' vraagt Jan zich hardop af.
Er is maar een manier om daar achter te komen en we klauteren in de richting van het zwembad. Verscholen tussen de rotsen ligt een kraakhelder zwembad met schoon en fris water. De deur van de machinekamer is open, een verleiding die Jan niet kan weerstaan. Hij knikt goedkeurend en is onder de indruk van wat hier tussen de rotsen, op een lastig te bereiken plek is gebouwd. Nu kunnen we vertrekken.
We rijden terug naar The Barn. We moeten nog betalen en het staat op zo'n mooie plek; daar willen we ook nog even van genieten. Ook een fijne plek waar ik kan schrijven en Jan zijn hart kan ophalen aan alle vogels die hier rondvliegen. Er staat een grote touringcar op de parkeerplaats voor The Barn. En wij maar denken dat de weg alleen geschikt is voor stoere auto's zoals de onze, niks is dus minder waar. Hij staat hier wat misplaatst.
'De koffie staat klaar, en zoek maar een plek uit om te zitten,' zegt de ober.
Verschillende gasten zitten nog aan het ontbijt. Ik geniet van deze mooie plek. Kijken, schrijven, koffiedrinken; in willekeurige volgorde. Er is nog zo veel dat ik uit mijn hoofd moet hebben. Elke dag heeft meer dan genoeg aan zichzelf; een paar dagen niet schrijven is echt dingen vergeten. De grote lijnen zijn nooit een probleem. Die kleine dingen, de details die voor mij net het verschil maken, die wil ik, die *moet* ik elke dag opschrijven.

In de goed voorziene en smaakvolle souvenirwinkel zoek ik twee kerstboomhangers uit. Ook al is de kerst nog ver weg, iets leuks, iets Afrikaans voor in de kerstboom kan altijd. Een witte bal en een witte ster gaan mee. Beide zijn gemaakt van kleine kraaltjes. Natuurlijk pak ik ook een paar oorhangers die in een mandje liggen, net als schoenen, je kunt er nooit genoeg van hebben. Mijn aankopen gaan zorgvuldig in een bruin papieren zakje waar kleine dierensporen in gestencild zijn. Alleen van de verpakking word ik al blij. Jan is minstens zo blij met de vogels die hij heeft gespot en soms ook op de foto heeft kunnen krijgen.
'De koffie krijgen jullie van ons,' zegt de man en dat maakt ons beiden blij.

Vanaf hier is het een afstand van ongeveer 125 kilometer naar het Waterbergplateau, waarvan precies 23 kilometer naar de verharde weg. We doen er lang over. Ik wil graag een foto van elk verkeersbord dat waarschuwt voor overstekend wild. Bijna elk dier heeft hier een eigen bord. Wrattenzwijnen, cheeta's, wilde honden, luipaarden, spiesbokken, zebra's; alles kan zomaar de weg oversteken... als ik de borden mag geloven. Ondertussen hebben we heel wat borden gezien die ons waarschuwen voor overstekende olifanten.... Oké, maar waar zijn ze dan? Het is dat we genoeg dikke olifantendrollen hebben gezien, anders zou een mens ernstig gaan twijfelen. Dik-diks ontbreken op de borden. Zijn deze elegante en sierlijke diertjes geen eigen bord waard?
'Wat is dat toch,' zeggen we bijna tegelijk.
Ik buig naar voren om het wat beter te kunnen zien. Loopt daar iemand? Of is het toch een dier? Niks van dit alles. Een totaal verroest autowrak staat ter decoratie als smaakvol straatmeubilair aan de kant van de weg. Het heeft in de loop van de tijd dezelfde kleur als de rode zandweg aangenomen. Ik vind het prachtig, het past perfect bij deze weg, in deze omgeving.

Wat is het overal groen; de natuur zorgt voor kleuren groen die in geen enkele kleurenwaaier te vinden zijn.

En dan popt bijna uit het niets het Waterbergplateau op uit het landschap. De zon laat de rotsen rood opgloeien en weet kleuren uit de stenen te halen die alleen de natuur kan schilderen. Het plateau waar de eland, Afrika's grootste antilopensoort, voor het eerst werd gespot. Vanaf 1972 is het een beschermd gebied waar dieren graag komen. Waar dieren graag komen daar komt de mens ook graag. Het zandstenen plateau ligt als een groot massief van tweehonderd meter hoog voor ons. In een land waar woestijnen en savannes het landschap bepalen, is deze stenen puist een opvallende verschijning. Het is tevens een opmerkelijk vruchtbaar en groen gebied. En dat weten de dieren ook. Er komen hier honderden verschillende soorten vogels voor en zeldzame dieren zoals de neushoorns, die hier trouwens naartoe zijn gebracht. Nou ja, als de neushoorns het hier niet naar de zin hadden waren ze vast wel weer vertrokken, denk ik niet gehinderd door enig kennis. De neushoorn lijkt me nu geen dier dat gedwee doet wat er van hem wordt verwacht. Er kunnen hier wandelingen onder leiding van een gids gemaakt worden. We laten het plateau verder voor wat het is en genieten van de omgeving.

Regelmatig komen we borden tegen die ons wijzen op mooie lodges en guestfarms waar ook kampeerders welkom zijn. Wij willen graag overnachten op de camping van de NWR*, de Waterberg Camp. Van verschillende mensen hebben we gehoord dat het een mooie plek is. Mocht het niet lukken dan is er volop plek in de omgeving, dat maken alle borden wel duidelijk: hier is plaats voor honderden bezoekers..

'Jullie kunnen zelf een plek uitzoeken. Ga je gang,' zegt de man bij de receptie van de NWR-camping als we ons hier melden. 'Wel wil ik jullie goed waarschuwen voor de bavianen. Ze zijn echt gevaarlijk. Voer ze niet, laat niks rondslingeren, ruim alles op. En dan bedoel ik ook echt alles. Ik kan het niet genoeg benadrukken,' zegt de man met klem.

Duidelijk. Het eerste dat we zien wanneer we de camping oprijden is een troep van wel dertig bavianen. Van schattig klein bij mama op de rug tot angstaanjagend groot. De apen lopen nieuwsgierig naar het grote toiletgebouw. Oké, dus uitkijken als ik daarnaartoe wil. Op de vuilnisbakken zitten geen deksels. Heeft afval weggooien dan wel zin vraag ik me af. Ik besluit ter plekke om ons afval in de auto te bewaren totdat we hier weer weggaan. Even rondkijken en we kiezen voor plek twee. Schaduw, ruimte, elektriciteit en het sanitair-gebouw weer op de juiste afstand. De apen zijn weg en ik loop ernaartoe. Aan de drooglijnen hangt een grote deken, er is zelfs een was- en strijkruimte. Zou er werkelijk iemand zijn die een strijkijzer meeneemt op reis? Dat is toch wel het aller-laatste dat ik mee zou nemen. Anderen zijn anders. Er komen nog wat meer gasten bij, maar het is en blijft verre van druk. Ik heb mijn buren, wat geroezemoes, af en toe een autodeur die dicht gedaan wordt, medekampeerders die ik zie lopen en de receptie dichtbij. Helemaal goed. Vanavond hoeft er geen lichtje aan.

Een grote familie mangoesten komt enthousiast het terrein oprennen. De dieren buitelen over elkaar heen, rennen over alles wat ze op hun pad tegenkomen, staan plotsklaps stil, springen weer op en als wij te dichtbij komen lopen ze een pootje sneller. De dieren zijn brutaal, maar ook wel weer angstig voor de mens. Helemaal goed. Een gezonde dosis angst voor de mens is absoluut beter voor hun eigen veilig-heid. Je zou het niet zeggen als je de kleine dieren ziet, maar een mangoest is in staat om een volwassen cobra te doden. Ze eten de eieren van hagedissen, maar ook insecten en muizen staan op het menu. De gestreepte huid verraadt dat het om de zebra-mangoest gaat, lees ik. Ik vind ze snel en ben blij wan-neer de hele familie weer vertrekt.

Er is hier een bescheiden kerkhof waar gesneuvelde soldaten zijn begraven. Duitse soldaten die aan het begin van de 20ᵉ eeuw tegen de Herero-mensen hebben gevochten. Hadden ze het idee voor de goede zaak te vechten? Konden ze Namibië op de kaart aanwijzen? Werden ze ook ziek van heimwee? Kwamen ze hier vrijwillig of werden ze gestuurd? Zo maar een paar vragen die bij mij naar boven komen. We rijden er-naartoe. Niet dat het zo ver is, maar met bavianen in de buurt zit ik toch liever in de auto. Over een zandweg met dikke rillen opgedroogd zand, diepe geulen waar zelfs nog water inzit, rijden we de amper halve kilometer naar de begraaf-plaats die overwoekerd is en er verlaten en eenzaam bij ligt. We openen de poort en zien een tiental scheefgezakte, witte grafstenen en houten kruizen staan.

Am andenken der in der Schlacht am Waterberg gefallenen Hererokrieger

staat er op het gedenkteken. In kleine letters staat eronder vermeld 'Kameradschaft Deutser Soldaten 12-8-1984.'

Op een plaquette staat, ook weer in het Duits, vermeld dat tijdens de overval op dit station van Waterberg op 14 januari 1904 zeven soldaten zijn omgekomen. Hun namen en rangen staan erbij. Het onderhoud ligt in handen van de Kriegsgrä-berfürsorge van Namibia. Het bescheiden kerkhofje heeft niet hun prioriteit kunnen we constateren wanneer we het terrein oplopen. Eigenlijk nog kinderen, jonge jongens van amper twintig jaar oud liggen hier begraven. We lopen langs de gra-ven waarop alle namen en data nog verrassend goed te lezen zijn. Ik lees hun namen en ik denk aan hun moeders in het verre Duitsland. Zouden zij ooit de kans hebben gehad om bloemen op het graf van hun gestorven zonen te leggen? Is er in Duitsland om hen gehuild? Heeft de moeder van Rob Knoblich, 24 jaar oud, het graf van haar zoon bezocht? Al deze jonge mannen die zo ver van de *Heimat* hun laatste rust-plaats hebben onder de hete tropenzon in een vreemd land.

Techniker James Watermeijer was veertig jaar oud lees ik op de steen op het graf dat hij met drie andere gesneuvelde soldaten moet delen. Op de een of andere manier ontroert het me altijd wanneer ik dit soort graven zie in het buitenland. Mag en kan je van de Namibische overheid verwachten dat zij deze graven goed onderhouden? Geschiedenis krijgt soms een andere betekenis. In de loop van de jaren worden dingen vaak in een beter, juister perspectief geplaatst. Net zoals wij nu anders tegen de helden van de Gouden Eeuw aankijken. Wanneer jaren zijn verstreken, de tijd veel wonden heeft geheeld is er ruimte voor reflectie. Feiten zijn feiten maar kunnen op een gegeven moment anders geïnterpreteerd worden. De zon tart de omgeving met haar stralen, haalt de mooiste kleuren tevoorschijn en verzacht alles uit het verleden en het heden.

* Namibia Wildlife Resorts

Naar Windhoek

De dieren die zich overdag niet laten zien en die zich niet laten horen, en dat zijn de meeste, maken dat in de nacht dubbel en dwars goed. Het fluit, ratelt, ritselt en kraakt en dan zo ineens van het ene moment op het andere is het bijna doodstil om niet veel later weer te beginnen. Dat ik ze nu niet zie vind ik zo midden in de nacht niet erg. De nacht is van de dieren, geef ons mensen het daglicht maar. Ik voel me helemaal senang in onze daktent. Mede doordat we zo hoog liggen geeft de tent me een prettig en veilig gevoel. We ruimen alles voor de laatste keer op. De laatste dagen slapen we in een echt bed, zonder de geluiden van de natuur.

Na ruim een half uur rijden op dirtroad nemen we definitief afscheid van de zand- en stenenwegen. Jan schat dat we toch ruim drieduizend kilometer op dit soort wegen hebben gereden. Maar in een geweldige auto zoals deze was het zelden te pittig of te lastig. De Hilux voelt zich als een vis in het water op dit soort wegen. Maar dat wil natuurlijk niet zeggen dat we niet genieten van het mooie asfalt dat geruisloos onder onze dikke autobanden verdwijnt.
'Daar is de fietser weer,' zeggen we bijna tegelijk.
We hebben hem volgens ons al een paar keer eerder gezien. Met de fiets zwaar beladen, rijdt de man op het randje van het asfalt zodat hij snel de berm in kan. Het vergt wel de nodige moed om hier te fietsen. Het verkeer is hier niet aan tweewielers gewend. We rijden met een ruime bocht om hem heen, stoppen en hij stopt ook.
'Wil je wat drinken? We hebben koude ranja' vraag ik.
'Graag,' antwoordt hij met een brede lach.
'Ik kom uit Zuid-Afrika en ben al een poosje onderweg. Ik heb ook de hele Caprivistrip gefietst,' vertelt hij.

De man is kort van stuk, 62 jaar oud, de degelijke mountain-
bike volledig bepakt, helm op, grijze baard, en barstend van
energie.
'Ik hoop vandaag Okahandja te halen,' gaat de man verder.
'Hoe is het verkeer? Mensen zijn hier helemaal geen fietsers
gewend,' wil ik graag weten.
Ik vind het vaak doodeng als ik die eenzame fietsers zie, alleen op deze wegen met spaarzaam verkeer. Verkeer dat eerder gewend is aan een troep bavianen die uit de bosjes
springt, of een jakhals die voorbij rent, maar een zwoegende
fietser? Nog zeldzamer dan een luipaard volgens mij.
'Mensen houden echt rekening met mij. Ze geven me de
ruimte. Niemand doet gevaarlijk,' klinkt het geruststellend.
'In Oranjerivier komt mijn vrouw bij me met de auto. Dan
rijden we samen in de auto weer terug naar huis, weer naar
Zuid-Afrika.'
We schudden elkaar de hand, wensen elkaar een mooie reis
toe en zijn allemaal blij met ons eigen vervoer, denk ik, als ik
de man uitzwaai. Weer een kortstondige ontmoeting die het
reizen altijd leuk maakt.

Het eerste wat we zien als we Okahandja binnenrijden is de
Gereformeerde Kerk. Op het bord staan de *dienstye*. In de
somer kan men zowel in de *oggend* als in de *aand* naar de
kerk. In de winter is er alleen op de *aand* een dienst. De Afrikaanse taal is nog alom aanwezig in Namibië. Jan parkeert de
auto voor een koffiezaakje, naast een leuke winkel waar nog
precies twee muffins in de koeling staan.
'Dat is alles wat ik nog heb,' zegt de vrouw op een licht ver-
ontschuldigende toon.
Hebbes. Die zijn voor ons.
'Perfect, graag twee cappuccino's erbij,' zeg ik en we gaan
buiten zitten.
Tegenover dit koffiezaakje is de Okahandja-craftmarket en
daar is veel om naar te kijken. Waar in elke winkel, in elke

kraam, op elk kleed, dezelfde artikelen en toch ook net weer anders, worden verkocht. De vrouw brengt onze bestelling.

'In het ene bakje zit wat boter en het andere zit geraspte kaas,' legt ze uit als ze voor ons beiden een schaaltje met muffins en bestek neerzet.

Die kenden we nog niet, ik besmeer de muffin met boter en bestrooi het met kaas. Voor alles een eerste keer. Het is een even wonderlijke als lekkere combinatie. Ik deel mijn muffin met een klein jochie de hier eenzaam en alleen rondloopt.

Er gaan twee Nederlandse mannen naast ons zitten en al snel raken we met elkaar in gesprek. Ze zijn hier voor hun werk.

'We controleren opslagtanks voor benzine,' legt de ene man uit. 'Ik was hier vijf jaar geleden ook. Voor mijn collega is het de eerste keer dat hij hier is. Ik vind het een geweldig land en kom hier graag,' aldus de man die volgens ons de leiding heeft.

'We zijn ook nog naar Etosha geweest; dat wilden we graag. We hebben een auto met chauffeur gehuurd en genoten.'

'Olifanten gezien?' wil ik graag weten.

'Kuddes van wel vijftig olifanten, we hebben er heel veel gezien.'

Man twee pakt zijn telefoon en laat me geweldige filmpjes zien. De olifanten druipen van zijn telefoon, het ene filmpje nog mooier dan het andere en ze kijken ons stomverbaasd aan wanneer we zeggen dat we in bijna vier dagen tijd geen enkele dikhuid hebben gezien. Weer een bewijs dat Etosha een park is en geen dierentuin.

De buurvrouw van de koffiezaak heeft prachtige spullen in haar winkel te koop. Haar dochter is bezig om met naald en draad priegelkleine kraaltjes aan elkaar te rijgen om deze vervolgens aan stukjes vitrage te naaien. Wat een werk. Door een rand van kraaltjes aan de dunne stof te naaien worden de kleedjes zwaarder en worden het kleedjes om over schalen en drankjes te leggen zodat de inhoud beschermd wordt tegen wespen, bijen en ander zomers gespuis. De wereldwinkel in onze woonplaats verkoopt ze ook. Leuk om nu eens te zien hoe ze gemaakt worden. Op een rek buiten hangen lappen stof met Afrikaanse afbeeldingen. In de winkel veel houtsnijwerk. Moeder ziet er schitterend uit in een oranjegele jurk met een bijpassende hoofddoek. Een brede lach laat een mooi gebit zien en ze poseert graag voor een foto.

'Laten we de foto maar buiten maken,' zegt ze, grijpt snel een versierde kalebas om vervolgens als een echte mannequin voor de winkel te gaan staan.

Ik maak mooie foto's van een sterke, zelfverzekerde vrouw. Alles heeft een vaste prijs in haar winkel. Voor wat hoort wat en ik zoek een met oranje en witte kralen versierde kaarsenhouder uit. Zo doen vrouwen dat voor elkaar.

Voordat we in de auto stappen voor de laatste kilometers naar Windhoek, wandelen we naar de markt waar elke verkoopster vindt dat we bij haar wat moet kopen. Een artiest heeft zijn golfplaten 'winkeltje' beschilderd met koppen van mensen. Ik hoop dat zijn kunst wat beter van kwaliteit is dan zijn muurschilderingen. Alle koppen zien er akelig ongezond uit. Enkele jaren geleden heeft een grote brand de andere markt in deze stad verwoest waardoor hele gezinnen werden gedupeerd. Geen werk, geen verkopen, is geen inkomsten. Armoede voor veel mensen.

Op een zondag is het rustig in de straten van de hoofdstad. Sommige winkels zijn open, maar de meeste zaken zijn gesloten. Windhoek oogt meer als een plattelandshoofdstad dan als de hoofdstad van een van Afrika's grootste landen. Jan rijdt op zijn gevoel en een aangeboren aanleg voor routes en richtingen in een keer naar het Capbon Guesthouse waar we onze reis weken geleden zijn begonnen. Zo krijgt het brein ook wat rust volgens reiziger en psycholoog Ap Dijksterhuis. Wanneer alles bekend en vertrouwd is, hoeven onze hersenen zich minder in te spannen en dat schijnt goed te zijn op reis, waar je elk moment van de dag nieuwe indrukken opdoet.

Terwijl wij alles herkennen brengen wij nog geen zweem van herkenning teweeg bij de eigenaresse. Ook onze reservering kan ze niet terugvinden. Het grote boek wordt goed bekeken, ze gumt wat uit, maakt enkele nieuwe notities en nummer zes is ineens beschikbaar voor ons. Het is een fijne plek met een royale kamer, de auto pal voor de deur, een zwembad, palmbomen op het terrein, een zitje voor de deur en roze en paarse bloemen die uitbundig bloeien en zo voor een natuurlijke afscheiding zorgen tussen de kamers. Het zachtgele gebouw heeft een vriendelijke uitstraling en daken met kantelen zoals we die op kastelen in Europa zien. Duitsland is altijd dichtbij, al was het alleen maar door de Duitse taal die overal doorheen sijpelt. Het hele complex is omheind en goed beveiligd. Blauw! Duidelijk de favoriete kleur van de eigenaren. De bloembakken zijn blauw, de parasols zijn blauw, de kleding van het mannelijke personeel is blauw. Grote, oranje sinaasappels hangen aan de boom bij het speeltuintje, tja, daar kan zelfs een liefhebber van blauw niks aan veranderen. Ineens vraag ik me af, heb ik wel eens eerder een sinaasappelboom in Namibië gezien?

'Wat een bijzondere naam, Capbon. Heeft het nog een speciale betekenis?' vraag ik aan Ursula, de eigenaresse.
'De naam Capbon bestond al toen mijn opa lang geleden zijn boerderij kocht. De boerderij is nu van ons en ligt zo'n 370 kilometer ten noorden van Windhoek. Toen we deze bed & breakfast begonnen hoefden we niet lang over een naam na te denken. Het heeft volgens mij geen speciale betekenis. Ook hebben we er heel bewust voor gekozen om alleen een ontbijt aan te bieden. Wanneer je ook een lunch of diner wilt verzorgen, moet je ook weer meer personeel hebben. Daarom is onze samenwerking met het Klein Windhoek Guesthouse ook zo prettig,' legt ze uit.

Daar heeft ze helemaal gelijk in. In een paar minuten loop je van dit terrein de weg over naar Klein Windhoek waar we al een paar keer lekker hebben gegeten.

'Wacht, ik zal jullie een folder geven van onze boerderij. Daar kun je namelijk ook overnachten,' gaat ze verder.

Prima, tips en informatie over mooie accommodaties zijn altijd welkom en ik pak de folder aan. Ik blader erdoor en zie foto's van mooie kamers, een zwembad, groen gras en een eetzaal. Ik draai de folder om. Oké, hier had ik niet op gerekend. Foto's van mannen die triomfantelijk, vaak breeduit lachend, poseren naast het wild dat ze geschoten hebben. Geweren liggen tegen dode dieren aan, mannen zitten naast de koppen van elanden en houden de hoorns vast. Een man zit naast een dode zebra en houdt met zijn ene hand de manen van het dier vast als was het een bos bloemen. Afgeschoten cheeta's en luipaarden worden vastgehouden alsof het een stuk speelgoed is. Ik lees dat Farm Capbon sinds 1976 een van de beste jachtgebieden in dit land is waar de jager op wildebeesten blesbokken, hartebeesten, impala's, struisvogels, zebra's, waterbokken en oryxen kan schieten. Het jagen op luipaarden en cheeta's wordt niet meer aangeboden. Het is gelukkig een oude folder.

Penduka

Afrika staat niet bekend als het continent met de meest spetterden hoofdsteden, een paar landen daargelaten en ik denk aan Kaapstad dat we zelfs een van de mooiste steden van de wereld vinden. Maar, dat wil nauurlijk niet zeggen dat er niet iets te bezoeken, te bekijken of te bewonderen valt in deze hoofdstad. Wij vinden het een overzichtelijke stad met beschaafd rijdend verkeer. Eigenlijk is de stad een goede afspiegeling van het land. De mensen zijn vriendelijk en Windhoek is vriendelijk. Jan heeft de kaart bestudeerd: we gaan naar Penduka*.

Penduka, ooit opgericht door een Nederlandse om het leven van vrouwen en meiden in Windhoek te verbeteren, in het bijzonder dat van vrouwen met weinig kansen, vrouwen met een beperking, vrouwen die een steuntje in de rug verdienen. Het laatste stuk ernaartoe zet de bezoeker even op het verkeerde spoor wanneer het asfalt plaats maakt voor zand, kuilen, gaten en hobbels; dit verwacht je niet meer. Er wordt een nieuwe rondweg aangelegd en overal wordt volop gebouwd. De stad met zijn kantoren verdwijnt uit beeld om plaats te maken voor het water van het Goreangab-reservoir. Veel armoedig aandoende huizen zijn in frisse kleuren geschilderd en dat verzacht op de een of andere manier de armoede. Zo overgoten met een stralende zon is het zelfs in de arme wijk Katutura mooi en we rijden het terrein van deze vrouwencoöperatie op. Covid heeft goed huisgehouden in Penduka. Van de bijna vijfhonderd vrouwen die hier werkten heeft men van ongeveer de helft afscheid moeten nemen. Voor hen was geen werk meer omdat er niet genoeg werd verkocht. In Namibië is geen sociaal vangnet en raakt het hele gezinnen en families wanneer er ineens een inkomen wegvalt. Help jezelf, help elkaar, toon respect, geloof in je eigen kracht: dat zijn de pijlers waar Penduka op steunt en op bouwt. Ook wil men graag zo veel mogelijk duurzaam en op een verantwoorde manier werken. Er worden trainingen gegeven over gezonder leven en er worden renteloze leningen verstrekt om vrouwen te helpen bij het zoeken van een woning of kinderen die gaan studeren. Zelfverzekerde vrouwen, die geloven in hun eigen kracht brengen zelfverzekerde kinderen groot. Penduka betekent dan ook zo veel als 'word wakker'. Als we in Windhoek zijn, gaan we hiernaartoe en het doet me oprecht deugd dat Penduka er na zo veel jaren nog steeds is. Zo vaak zijn projecten, die ooit met veel enthousiasme zijn begonnen na verloop van tijd verzand, uitgeblust, afgebrokkeld of compleet verdwenen. De bewaker doet de poort open en we rijden het terrein op.

'Willen jullie wat lekkers bij de koffie?' vraagt de serveerster met een vriendelijke lach en zoveel dunne vlechtjes in haar haar dat het meer op een pruik lijkt dan op d'r eigen haar.
We zitten in het restaurant van Penduka, waarvan we weten dat een er superlekkere cappuccino wordt verkocht.
'Ik heb nog een paar brownies,' gaat ze verder.
Het geleerde, om voor jezelf op te komen, wordt hier onmiddellijk in praktijk gebracht, gniffel ik in mezelf. Niet veel later krijgen we een bordje met een brownie, een bolletje vanille-ijs en warme vla. Dit hadden we nooit eerder bij onze ochtendkoffie.
Er lopen nog enkele bezoekers rond die met hun handen vol vertrekken; iedereen koopt wel iets. De reiziger kan hier overnachten en lekker eten. Slapen in een bungalow, in een bed op een slaapzaal of toch liever je eigen tent opzetten? Bij Penduka kan het allemaal. Het is een heerlijke plek aan het blauwe water van de dam, waar het groene gras onder mijn sandalen veert en de zon voor de kers op de taart of voor het ijs bij de brownie zorgt.

Op een van de gebouwen zijn op de muren eenvoudige, aansprekende afbeeldingen gemaakt van werkende vrouwen die van gerecycled glas sieraden maken. Dit project is men gestart om vrouwen met gehoorproblemen te helpen. Alles wordt helder en duidelijk als een stripverhaal in beeld gebracht. In vijftien stappen - vijftien afbeeldingen - wordt alles uitgelegd. Het begint met lege flessen, om vervolgens na veertien stappen een nieuw product te hebben gemaakt en de laatste stap, stap vijftien, leidt ons naar de winkel van Penduka waar alles wat gemaakt is wordt verkocht. Ik ga op zoek naar oorbellen.
'Nee, oorbellen hebben we niet. Nog niet, wel kettingen,' zegt de vrouw.
'We hopen snel terug te komen,' zeg ik.
Beloofd! Dan zullen er oorbellen zijn.
Zo wordt er ook veel borduurwerk verkocht horen we. Vrouwen, boerinnen, werken thuis zodat ze hun borduurwerk kunnen combineren met de zorg voor hun gezin en de boerderij. Glas smelten moet hier gebeuren maar handwerken kan thuis aan de keukentafel of buiten in de zon. Zo hoeven ze niet naar de stad te komen. De boerinnen leggen hun leven, vanaf hun jeugd, vast in hun borduurwerk. Alles wat hen beweegt, hun leven, hun interesses, wordt met naald en draad weergegeven op onder andere kussenovertrekken en in kleine, stoffen boekjes die hier weer te koop worden aangeboden. Wollige handdoeken met randen van geborduurde olifanten liggen te koop in de winkel. Daar heb ik er de vorige keer eentje van gekocht. Het zijn zonder uitzondering mooie producten. Ik ga nu op zoek naar iets anders en mijn oog valt op een rood, stoffen engeltje met een rond, houten koppie waarop een lach van oor tot oor te zien is. Die gaat zich vast en zeker thuis voelen in mijn Hollandse kerstboom. Ik zie mooie sleutelhangers, pak er eentje van een popje met een baby op d'r rug gemaakt door Meriam van het Matukondjo Dolls Project, lees ik op het label. Vrouwen moeten andere vrouwen helpen.

Hebbes. Zo worden zowel de koper als de verkoper blij. Penduka heeft alles in zich om nog heel lang, heel succesvol te blijven. Het is gewoon een fijne plek. Ik hoop dat alle vrouwen die hier weg moesten snel terug kunnen komen en dat elke reiziger of toerist die Windhoek bezoekt hier naartoe zal gaan.

Voordat Penduka in dit gebouw haar onderkomen kreeg - ze huurden het gebouw eerst - was het eigendom van een jachtclub. Sinds 2021 is Penduka ook eigenaar van de grond. Een overtuigend bewijs dat de vrouwen, in ruim twintig jaar tijd, letterlijk en figuurlijk iets van en op de grond hebben gekregen.
Als we weggaan zie ik pas het oude en totaal verroeste volkswagenbusje staan. Er hangt een houten bord boven waar 'receptie' op staat. Er is een afdak tegenaan gebouwd waar een man onder zit. Ik heb de indruk dat het busje een overblijfsel is uit de beginjaren van Penduka. Op het busje staat nog te lezen *custom made home decor*.

* www.penduka.com/nl alles over Penduka.

In Windhoek

Het is mooi en aangenaam rijden door Katutura, waar de mensen ons vriendelijke groeten en waar ik geniet van de opschriften op de winkeltjes. Mensen moeten lachen wanneer ik foto's maak van de handgeschilderde teksten en zullen zich waarschijnlijk afvragen waarom ik dit doe. Bij Sy Barber & Hair Salon zitten vier mannen buiten die me minzaam toeknikken. Op de golfplatenmuur een afbeelding van een dames- en een herenmodel. Bij Finah's Kitchen is aan de buitenkant niet te zien wat er wordt gekookt en verkocht. Rustig rijdend komen we weer in het centrum van de stad waar ook nog wel het een en ander te zien is. Ik wil graag het standbeeld van de koedoe zien. Het staat symbool voor de grote runderpestepidemie waar al die controleposten voor zijn gebouwd die we in de binnenlanden zagen. Sommige dingen moet je nu eenmaal zien om af te kunnen vinken, maar ook omdat er boeiende verhalen achter zitten. Wanneer een dier een eigen standbeeld krijgt, is er wel iets gebeurd. Het Kudu Memorial heeft de stad cadeau gekregen van een welgestelde zakenman om de mensen er aan te herinneren dat eind van 19^e eeuw duizenden en duizenden koedoes, koeien en schapen de dood vonden.

Het lukt Jan de auto op een mooie plek in het centrum te parkeren waar onmiddellijk een enthousiaste *carwatcher* - herkenbaar aan een oranje hes - ons ziet en Jan met drukke gebaren naar een plek dirigeert. Iedere carwatcher heeft zijn eigen parkeerplaatsen. De concurrentie is groot en elke chauffeur die een plekje zoekt betekent geld in het laatje. Er staan wel parkeermeters maar die hebben in de loop van de tijd een decoratieve functie gekregen. De man zal op onze auto passen en wij zullen hem daar voor betalen. Ik vind het een topsysteem.

De koedoe staat op een niet te missen plek voor het Hoge Ge-rechtsgebouw, de kop fier in de lucht. Zo staat het koperen dier strak afgetekend tegen de blauwe luchten. Ik loop naar de koedoe om de tekst op de plaquette te kunnen lezen:
onthul deur die agbare burgemeester raadslid J van D Sny-man op 2 desember 1960.

Vuilnismannen gooien geroutineerd het afval in de open bak van de vuilniswagen; een kleine pick-up. Groene kliko's pui-len uit, kliko's die ook in Nijverdal konden staan. Soms zijn er geen verschillen. We wandelen naar de mooie Christus Kirche, die prominent in de stad op een heuvel staat en fraai afsteekt tegen de blauwe hemel. Op het puntdak met rode pannen staat parmantig een kruis. Het uit zandstenen opge-trokken gebouw is afgebiesd met een witte rand en zo krijgt de kerk de uitstraling van een gigagrote speculaaspop met een rand van suikerglazuur. De palmbomen benadrukken dat we toch echt in een Afrikaans land zijn en niet ergens in Beieren. Het is het meest opvallende gebouw in Windhoek. Ruim honderd jaar oud staat het gebouw er nog steeds fier en stra-lend bij. Het was ooit de bedoeling dat in deze kerk alle ge-sneuvelde mensen van de verschillende oorlogen tussen de Duitse kolonisten en de inheemse bevolking geëerd en her-dacht zouden worden. Alleen de Duitse slachtoffers worden herdacht op plaquettes die in de kerk te zien moeten zijn, lees ik in mijn reisgids. De deuren zijn gesloten en de ramen te hoog om door te kijken. Naast de niet-geziene olifanten nog een reden om terug te komen.
Het is heerlijk om na al die weken van autorijden, ontspannen door de stad te slenteren, te kijken en te stoppen voor rode stoplichten. Tot mijn tevredenheid staan de ijzeren San-mannen nog steeds met de boog gespannen voor de etalage van de The Bushman Gallery. Sommige dingen veranderen nooit.

We pikken de auto op en rijden naar The Old Breweries. Een voormalige brouwerij waar nu allemaal kleine fairtrade winkels, inclusief een restaurant, in zijn ondergebracht. Dit is ook weer zo'n plek waar we vaker waren en een plek die altijd op ons lijstje zal staan als we in Windhoek zijn.

'Hé, daar staat hij wel, Morris, die al die dieren van oud ijzer maakt,' zegt Jan die groot fan van zijn kunst is.

We lopen naar de ingang van het gebouw waar Morris zijn kunst heeft uitgestald op de trappen bij de ingang.

'Mijn vriendin heeft een paar jaar geleden een hele grote giraffe bij jou gekocht, voor haar reisbureau,' zeg ik.

'Yes, Travelkid in Oostenrijk,' lacht de kunstenaar. 'Wat geweldig dat jullie haar en mijn kunst kennen. Ik wil jullie graag wat geven, zoek maar een giraffe uit,' gaat hij verder.

Serieus? Jan zoekt een kleine giraffe van metaaldraad uit bewerkt met kleine kraaltjes.

'Maar ik koop dat kleine wrattenzwijntje van je,' gaat Jan verder en pakt vervolgens een mooi verroest varkentje.

Iedereen blij; we bedanken de kunstenaar hartelijk en lopen de Breweries binnen. Het is leuk om langs en door de winkeltjes te lopen. De verkoopsters laten ons rustig kijken, alles heeft een vaste prijs en dat is prettig. In sommige winkeltjes is men aan het werk om nog meer spullen te maken. Rustig je keuze kunnen maken is voor de klant veel beter en uiteindelijk zal de klant ook meer kopen. Bedrijven, coöperaties en particulieren hebben hier hun verkooppunt. Niet iedereen woont en werkt in de hoofdstad en zo krijgen mensen elders in dit grote land ook de kans om hun producten te verkopen. Dit is weer zo'n adres waarvan ik vind dat elke bezoeker er naartoe moet gaan. Wanneer je reist en oprecht betrokken bent bij het land en haar inwoners, geef dan ook je geld uit en laat wat achter. Ik breng mijn eigen advies direct in praktijk en koop een paar oorbellen. Tevreden lopen we terug naar de auto en rijden het centrum in.

Een carwatcher haalt snel de oranje pion weg als hij ziet dat we een plek zoeken en beduidt Jan - al enthousiast zwaaiend met beide armen - waar de auto kan staan. Enthousiasme dat naadloos overgaat op de Himba-vrouwen die op de grond zitten bij de Craft Market op Independence Avenue. Het is opvallend hoe relaxed de vrouwen zitten op het afgebrokkelde wegdek van steentjes en dikke keien met slechts een stukje plastic, een oude doek of een stuk karton als bescherming. Houten schalen staan naast elkaar op de grond. Aan de afscheidingen van golfplaten hangen katoenen kleden met Afrikaanse afbeeldingen. Beelden van zeepsteen, houten maskers, sieraden, alles bedekt met een laagje stof en bezaaid met veel vingerafdrukken, worden door de dames met veel verve onder de aandacht gebracht. Een Himba-moeder heeft haar baby lekker warm aangekleed. Lange broek, truitje met lange mouwen en een dikke wollen muts op het kleine koppie, kijkt het jochie me stralend aan.

'Als jullie wat kopen mogen jullie ook foto's maken,' zegt de stevige vrouw die de spelregels tot in de puntjes kent zonder dat we ergens om hebben gevraagd.

'Hebben jullie geen oorbellen?' vraag ik.

'Nee, maar als je weer eens terugkomt dan hebben we ze wel,' zegt de stevige vrouw met een zelfverzekerde blik op haar gezicht, terwijl ze me uitdagend aankijkt.

Ze is van het type 'daar kun je de oorlog mee winnen' en ik zoek maar een paar armbandjes uit. Het is helder dat ik iets moet kopen. Ze gaat rechtop zitten, schudt haar grote, blote borsten eens goed heen en weer en beduidt ons dat ze nu klaar is voor een foto. Het is duidelijk dat ze *mij* een grote dienst bewijst en tegen zoveel overwicht ben ik niet bestand. De jonge moeder heeft de grootste lol om ons, lacht naar mij, haar onderste twee tanden zijn verdwenen. Haar baby kijkt me met een open mondje aan en laat twee kleine, witte tandjes zien. Ik maak mijn laatste foto's van deze reis.

Literatuurlijst

Akveld, Joukje. *Wat niet in de safarigids van je ouders staat*

Harding, Lex. *De reis van mijn leven*

Losskarn, Dieter. *Namibië (Ned.talig)*

Lee, Ton van der. *De Afrikaanse weg * Solitaire * De boot naar Timboektoe*

Losskarn, Dieter. ANWB *Wereldreisgids - Namibië*

Rijn, Frank van. *Drie kameleons*

Rosman-Kleinjan, Ada. *Olifanten in de nacht * In Namibië * Tussen Himba, Zemba en Herero* De olifanten van Botswana * De zebra's van Namibië*

Te Gast in. *Te gast in Namibië*

Troost, Ruud. *Afrika safarigids*

Vlugt, Bas. *Namibië, Botswana en Zimbabwe*

Vries, Dolf de. *Namibië een rustig, sterk land*

Waard, Paul de. *Reishandboek Namibië & Botswana*

Bibliografie van Ada

kleintje Wombat. Verre bestemmingen dichtbij
E-boek op www.bol.com en www.bod.de

De zuilen van Jerash, 2018
op reis door Jordanië (eerder verschenen onder de titel *Woestijnkastelen en Stadskamelen*)
De olifanten van Botswana, 2016
met een 4x4 door Moremi en Chobe
De vissers van Tanji, 2018
op reis in The Gambia (2^e druk)
De dhows van Sur, 2017
op reis door Oman
De vrouwen van Kafountine, 2018
op reis door Gambia en de Casamance in Senegal
De muren van Kubuneh, 2019
op reis door Gambia en Zuid-Senegal
De zebra's van Namibië, 2018
De baobabs van Morondava, 2019
op reis door Madagaskar
De weg naar Tendaba, 2020
reizen door Gambia
De reigerkoning van Ganvié, 2022
op reis door Benin

Speciaal kleintje Wombat

Reizen en Schrijven, 2021
Alles over het schrijven en uitgeven van je eigen (reis)boek.

Wombat reisboeken

Starende beelden op Rapa Nui, 2010
een reis van Paaseiland naar Peru
Ghana... een reis op het ritme van de drums, 2017
2e herziene druk
In Namibië, 2011
kampeerreizen door het leegste land van Afrika
In het Duits verschenen als *In Namibia*
Myanmar, 2015
reizen door het Gouden Land (eerder verschenen als *Myanmar... op blote voeten door het Gouden Land*). Is als 2^e druk
geheel aangepast.
De drums van TIMKAT, 2013
een reis door Ethiopië
In Boeddha's schaduw, 2015
een reis door China en Tibet

Op https://www.adarosman.nl/uitverkochte-boeken/ een lijst
met titels die alleen nog 2^e hands te verkrijgen zijn.

In de serie **Twee vrouwen Twee reizen**

Anika Redhed & Ada Rosman-Kleinjan

JORDANIE, 2021
OMAN, 2023

Ben je na het lezen van dit boek, of na het lezen van een van mijn andere boeken nieuwsgierig geworden naar meer verhalen? Kijk op **www.adarosman.nl** voor lezingen die door Jan worden gegeven. Ook vind je op deze site alle informatie over mijn boeken. Elke twee à drie maanden komt er een Wombat-nieuwsbrief uit met de laatste info over onze reizen, mijn boeken, Jan zijn lezingen en leuke tips voor reizigers en/of lezers. Stuur een mail en je naam wordt op de lijst gezet.

Op Instagram ben ik te vinden als **ada.rosman.kleinjan** en op Facebook plaats ik elke dag een mooie foto op **Wombat reisboeken**.
Tijdens onze reizen kun je ons volgen via Polarsteps, zoek dan even op Janrosman. Jan plaatst daar, als het lukt, dagelijks foto's. Voor de liefhebber van routes, afstanden en andere feitjes.

Reageren? Wat vragen? Gesigneerd boek bestellen? Interesse in een boeiende lezing? Foto-expositie? Wij hebben tientallen ingelijste foto's beschikbaar voor exposities.
Ik hoor graag van je.

Ada Rosman-Kleinjan * reizen en schrijven
e info@adarosman.nl
www.adarosman.nl
KvK Enschede 0818953

 * Lezers kunnen op geen enkele wijze rechten ontlenen aan de informatie zoals die is beschreven in dit boek.